獣医さん、

聞きづらい「猫」のこと ぜんぶ教えてください！

宮下ひろこ 著
猫びより編集部 編

いちばん役立つ
ペットシリーズ

信頼できる獣医さんは猫の最強のミカタ！

あなたの猫さんはどのくらいの頻度で動物病院へ行きますか？

ワクチンを打ちに年に一度、

定期検診のために年に一度か二度、

何か異変があればその都度、

慢性疾患がある場合、週に数度という子もいるでしょう。

なかにはもう何年も行っていないという健康自慢の猫さんもいるかもしれません。

愛猫の健康を守り、痛みや苦しみなく過ごすために動物病院は欠かせません。信頼できる獣医さんと出会い、良好な関係を築くことは、動物と暮らすうえでとても重要なことですね。

そんななか、獣医さんとうまく話ができない、聞きたいことがあるけれど聞きづらい、説明が理解できない……などといった飼い主さんたちの声も耳にするようになりました。

一方で、どうすれば飼い主さんに正確な説明ができるか、どう言えば理解してもらえるか、どう振る舞えば安心して任せてもらえるか、模索する獣医さんたちも少なくないといいます。

そこで本書では、獣医さん、そして動物病院のことをもっともっと理解するために、飼い主さんから寄せられたさまざまな質問や疑問を獣医さんに答えていただきました。

質問に答えてくださるのは宮下ひろこ先生。臨床現場での経験も活かしつつ、「動物病院専任カウンセラー」として看護師や獣医師など約2700人へのコーチングや心理カウンセリングの実績があり、さらに診察やカウンセリングなどこれまで約6200人の飼い主さんと関わってきました。また、先生自身、保護猫と暮らす飼い主さんでもあります。

獣医師、カウンセラー、そして飼い主という3つの視点で、獣医さんのこと、さらに聞きづらいお金のこと、情報が錯そうしている猫や医療にまつわる質問や疑問、悩みに答えていただきました。その答えからは獣医さんに求めるだけでなく、飼い主も考えなくてはいけないことが多々あることに気づきます。

もちろん、動物病院も獣医さんも千差万別。本書に書いてあることがすべて正解ではありませんが、ちょっと迷ったとき、悩んだときの参考にしてみてください。そしてもっと動物病院へ行き、獣医さんに愛猫のことをいっぱい相談してほしいと思います。獣医さんはあなたの愛猫の健康、そして命を守りたいという思いを共有する頼もしいミカタなのです。

この先生になら愛しい愛猫を託せる！　そんな関係性を育む一助になれば幸いです。

猫びより編集部

目次

PART 1 お金のこと

PART 2 猫のこと

PART 3

医療のこと

PART 4 獣医さんのこと

PART 5 私たちのこと

PART 1

お金のこと

お金の話は
気を使うもの。
特に動物病院って治療も薬も基準が
わかりにくく、
聞きづらい
雰囲気だったり……。
愛猫の健康に
関わるお金の話、
ここでしっかり
聞いちゃいましょう。

動物病院の治療費、どう決めているの？ なぜ病院ごとにちがうの？

それぞれの病院で決める自由診療

「A病院では爪切りが無料だったのにB病院では500円、C病院は1000円……」というように、同じ処置・治療でも病院によって料金はさまざま。これが手術や入院となると料金の幅はもっと広くなり、飼い主の出費に大きく影響しますね。それは猫さんが受けられる治療に直結します。

人間の医療とちがい、動物病院は自由診療なので獣医師や病院同士で話し合って診療料金を決めることは法律上許されておらず、それぞれの動物病院で決めています。治療にかかる医薬品代、検査機器の維持費、診療技術を行うことの対価（教育費）、診療にかかる時間や関わる人件費などを反映し、適切と思われる料金を設定します。ただ、どのように反映しているかは、個々の病院によってちがいます。

夜間救急病院などで料金が高いのは、高度な医療技術を提供していることや、ほかの病院が閉まっている夜間でもすぐに診ることができるスタッフを十分に確保して診療体制を維持しているからです。

さらに大学病院や、近年増えてきた高度医療機関などの二次診療施設は、専門知識や技術を身につけた認定医が診察していることや、高額な医療機器を使っていることなどを考えると、一次診療施設より治療費が高額になることは必然といえるでしょう。

動物病院は自由診療
ちがいは病院のコンセプト

動物病院はサービス業

もうひとつ、動物病院は医療機関ではなく、サービス業にくくられていることをふまえておくとわかりやすいかもしれません。例えば医療設備とは別に、豪華なインテリアやサービスなどの付加価値が用意された動物病院などがあります。そうしたニーズに応えたコンセプトということになるでしょう。地代や付加価値の設備費を考えると必然的に料金も高額になります。ホテルやレストランと同じように、猫というよりはどちらかというと飼い主に向けたサービスですね。

一方で、保護活動をしている人御用達のような病院では保護猫限定といったしばりはあるものの、低額の治療費で診療や処置を行う先生もいます。これもニーズに応えたコンセプトといえます。

いずれにせよ高いから悪い、安いからよいといった判断はできません。いくら安くても心配や不安が残るようでは問題だし、高く感じても治療に納得できれば安心できますよね。もちろん逆も然りです。

薬の値段も病院によってちがうのはなぜ？人間用の市販薬を使っても大丈夫？

動物の体に合わせた調剤技術料が入る

動物病院によって薬の値段がちがうのは、薬剤を購入する取引先によって納入価格が異なるからです。基本的に仕入れ値を参考に自由に設定されています。

医療費と同じように保険が効かないため、薬自体の値段も人間用より高くなります。ひと月に2万、3万円とかかる薬もあり、飲み続けなければならない場合、それなりの金額になるケースもあります。

薬も治療費同様に自由診療の範疇ですが、薬代で利益を出そうとする動物病院は少ないので、病院によって大きなちがいはないでしょう。

薬そのものの値段だけでなく、最近では人間の場合と同じように調剤技術料を加算する動物病院もあります。動物の体重によって、例えば子猫には量を少なく、薬を小さく割って分包する必要があります。猫への投薬は難しいと感じる人も多いので、形状（粉末、シロップ、カプセルなど）を飲ませやすいように変えて出す場合もあり、その際にかかる費用が上乗せされていることもあります。分包の必要がなくシートのまま出す場合は、安いこともありますが、せいぜい数百円、数十円といった単位です。それでも負担を感じる場合は錠剤をカットしたり、粉末にしたり、カプセルに詰めたりというのは、市販のピルカッターやピルクラッシャー、カプセルなどを活用すれ

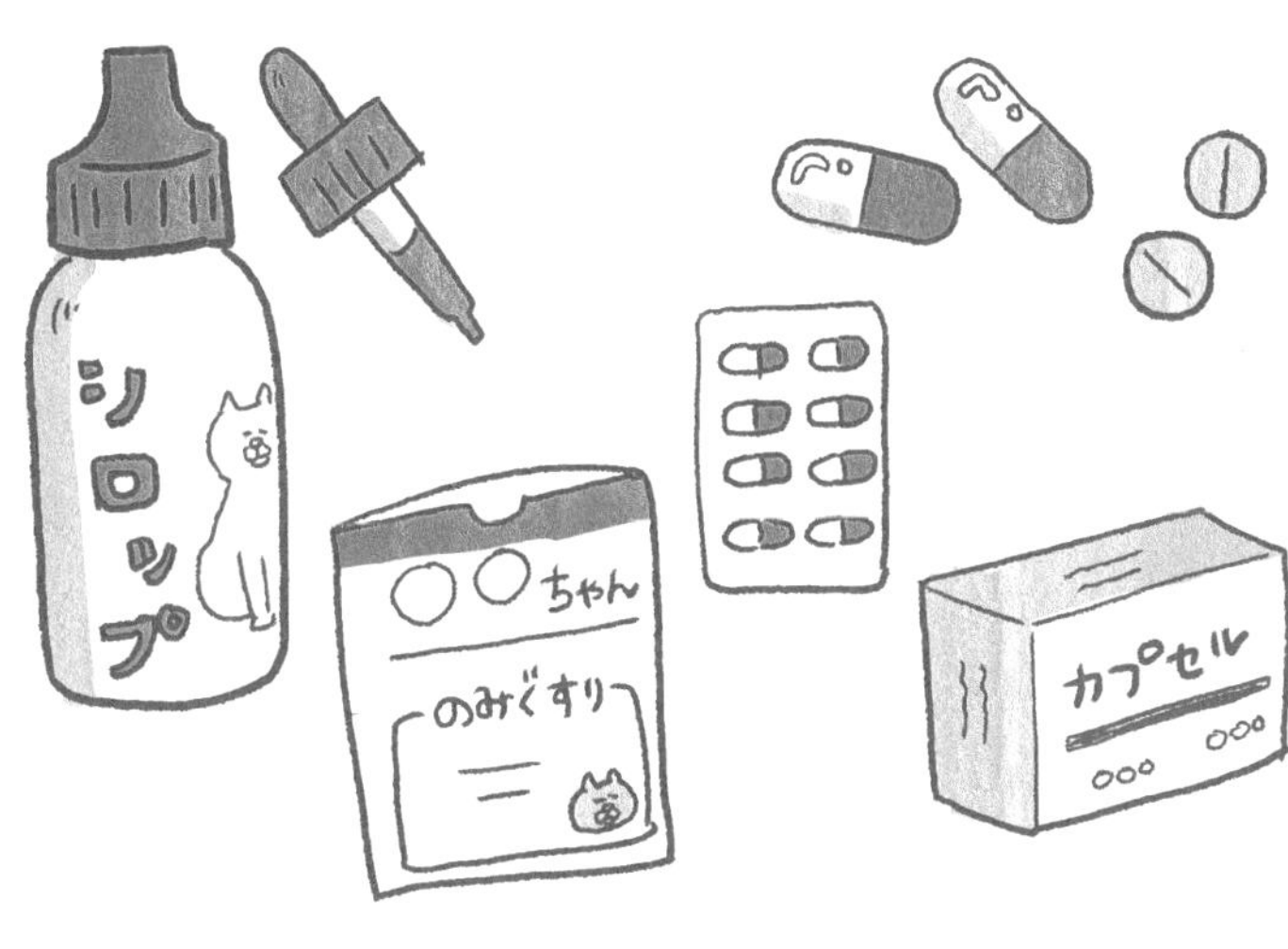

ば飼い主自身でできることもあるので、その分、調剤量を安くしてもらえないか相談してみてもよいでしょう。ただ、繊細な量の調整が必要な場合や病院の方針によってはNGというところもあるかもしれません。

市販薬を使う場合は必ず獣医師に確認を

人間用の市販薬には同じ名前や似た効能をもつ製品もありますが、同じように見えても容量がちがうこともあるので、必ずかかりつけの獣医師に実物を見せて相談しましょう。

ドラッグストアで気軽に購入できる外用薬（点眼薬や皮膚用塗り薬など）も、名称や効能が一見同じで使いたくなる気持ちもわかりますが、念のために獣医師に確認してください。

人間用の薬はバリエーションが多く、濃度が薄いものから濃いものまであるので注意が必要です。万が一、濃度の高い薬を与えてしまうと、体の小さい動物たちにとっては命取りです。薬の扱いは自己判断せず十分に気をつけてくださいね。

値段の話とは変わりますが、処方された薬の名前はぜひ確認し、記録をしてください。不測の事態でいつもとちがう病院へ行かなければならなくなった場合、飲んでいる薬の情報は初診の場合でも治療や処置にとても役立ちます。

保険が効かない動物病院の薬は高め
人間用の薬の使用は獣医師の確認を

おもな手術や検査、処置の料金の目安か平均値を教えてほしい

病院によって料金に大きな開きがある

治療費の項でも話しましたが、動物医療は自由診療のため料金は病院によって大きな開きがあります。手術というとどうしても高額になり、大体の相場を知りたいという声が多いものの、明確な回答が出しにくいというのが実状です。14〜15ページに公益社団法人日本獣医師会による家庭飼育動物の診療料金実態調査を参考に算出した金額を掲載したので、大体の目安としてご覧ください。

個体差による料金の幅

手術料金は、病状や猫の体格・年齢などによって事前の血液検査の種類や調べる項目数がちがうので、猫さんごとに総額が変わります。

また、病院によって術前検査、麻酔、入院、薬、抜糸などを合わせた金額を提示するケースと、別途で提示するケースがあります。手術に関わるスタッフ数も病院によって異なり、それぞれ料金に反映されることがあります。例えば猫の避妊手術の場合、一般的には1泊入院して麻酔がさめた後の様子を見て退院するので入院を含めた費用となりますが、朝早くに預かり、夜遅くにお返しするような場合、入院費はかかりません。ただ、病院によっては泊まらなくてもお預かりとして入院費が発生することもあります。また、子宮と卵巣を同時に切除する手術、卵巣

病院により同じ処置・手術でも開きがあり目安や平均値の算出は難しいのが実状

切除だけの手術など術式のちがい、それに伴い麻酔料も変わってくるので、料金に大きな開きが出ます。

タンパクや糖が出ていないかとかpHや比重を調べる尿検査も、自分で採尿すればできる人間とちがい、動物は純粋な尿を取るのが難しいため、遠心分離機にかけて沈渣物を顕微鏡で見たり、場合によってはカテーテルを使って導尿を行ったり、膀胱穿刺といって膀胱に直接針を刺して採尿する処置を行ったりすることもあります。その場合、超音波検査機で膀胱を確認しながら処置は獣医師も含めふたり以上で行います。尿検査ひとつとっても方法が多様なので料金に幅があるのです。

- MRI検査…60,000〜10万円
- 健康診断（1日ドック）…16,000〜30,000円

病院が行う半日ドックやキャンペーンなど…5,000〜10,000円

手術、治療

- 去勢手術…13,000〜18,000円
- 避妊手術（卵巣子宮切除）…18,000〜28,000円 ※妊娠していない場合
- 歯石除去…9,000〜14,000円
- 抜歯…2,500〜16,000円
- 膀胱切開手術…35,000〜63,000円
- 腸閉塞手術…50,000〜80,000円
- 腹膜透析…6,000〜28,000円
- 乳腺腫瘍手術…40,000〜80,000円
- 放射線治療…100万円〜
- 抗がん剤治療…100万円〜

（放射線治療や抗がん剤治療は総額の目安。病気の種類や回数によって変わる
※例…リンパ腫・抗がん剤治療 1回あたり数万円）

- 免疫細胞治療…10万円前後
- 入院…2,000〜5,000円／日
- 全身麻酔…8,000〜12,000円

公益社団法人日本獣医師会HP 家庭飼育動物の診療料金実態調査を基に算出

予防

- ワクチン3種…4,000〜6,000円
- ワクチン5種…5,000〜8,000円
- ノミダニフィラリア予防薬…1,500〜2,500円

検査

- 血液検査（P70〜71参照）
  CBC（血球検査）…3,000〜5,000円
  生化学検査…4,000〜6,000円＋項目数（10,000円前後）
  SAA（血清アミロイドA蛋白の測定）…2,000〜6,000円
  SDMA（腎機能検査）…2,000〜6,000円
  甲状腺ホルモン検査（例：T4）…4,000〜6,500円
- ウイルス検査（猫エイズ、猫白血病）…2,500〜5,000円
- 膀胱穿刺…1,500〜2,500円
- 内視鏡検査…25,000〜50,000円
- 尿検査…2,000〜5,000円
- 糞便検査…1,000〜4,000円
- レントゲン検査…4,000〜12,000円 ※撮影部位や回数による。造影は別
- 超音波検査…4,000〜12,000円 ※部位によって差がある
- 血圧測定…1,000〜3,000円
- CT検査…35,000〜60,000円

事前に見積もりを出してもらうのがベスト

動物病院によっては、手術の際にかかる麻酔料は動物種や体重、時間などで細かく料金設定しているところもあります。病名や手術名が同じでも、合併症の有無などで、動物の全身状態や入院が予定より長期になることもあります。

夜間救急病院や時間外の対応であれば、おのずと料金は基本より上がります。初診料が1万円前後、そのほかすべての処置に夜間割増などが加算されるのでトータルで高めになります。夜間に応対するスタッフの人件費や救急に対応するための設備などを考慮すれば相応と考えられるでしょう。

手術料金は高額になることが多いので、最近は事前に見積もり書を用意する病院も増えています。術前検査や全身麻酔など明細がはっきりわかるので安心ですね。

また、手術が無事に終わってもしばらく投薬が必要だったり1週間後、1か月後など予後診断が必要だったりする場合もあり、それぞれに料金も発生することをふまえておきましょう。

ペット保険という選択も

比較的低額な料金設定をしている病院でも、手術や高度な治療となると、健康保険がない猫の場合、それなりの料金になります。

多彩なペット保険が登場しているのも、そうした背景があるからでしょう。若いうちは元気な猫さんでも7歳、8歳を過ぎるとさまざまな不調が出てきます。これは人間も同じですね。

今、動物医療はどんどん進化して、治る可能性の高い治療法や、痛みや苦しみを緩和してQOL（生活の質）を上げる処置などが増えています。愛猫のために最善のケアをしてあげたいと思ったときにお金が障壁になるのは辛いもの。そういう意味でもペット保険加入は検討する価値があります。基本的には医療保険なので死亡時の補償などはありませんが、通院や入院、手術など、かかった治療費の一部を補償してくれます。多いのは50~70%、なかには１００%補償の商品もあります。年間の支払い限度額や、限度回数が設定されていたり、年齢によって加入制限があったり、手術だけを対象としたりと、さまざまな保険商品があるので、愛猫の年齢や体調、ご家庭の事情などをふまえて、ベストな選択ができるとよいですね。

ペット保険を選ぶ際のチェック項目です。参考にしてください。

ペット保険は ここをチェック

- ☐ 加入・更新できる年齢制限
- ☐ 補償の対象（通院・入院・手術）
- ☐ 補償の割合
- ☐ 補償の限度（回数・日数・金額）
- ☐ 免責の有無
- ☐ 保険料が定額か変額か

お金のことで愛猫の治療をあきらめたくない 保険、貯金などいくらを目安にすればよい？

猫の平均医療費は年間4万8000円

猫に何かあったとき、備えがあると心強いですよね。まずはいくらくらい準備すればよいか考えてみましょう。

アニコム「家庭どうぶつ白書2022」によると、治療費やワクチン、健康診断を合わせた猫の平均医療費は、年間で約4万8000円。猫の平均寿命は14・4歳なので、計算上では生涯にかかる医療費は

年間で猫にかかるお金

項目	料金（円）
治療費	34,395
ワクチン・健康診断等	13,785
フード・おやつ	52,797
サプリメント	4,428
ペット保険料	29,900
日用品	13,633
飼育に伴う光熱費	12,785
その他	7,524
合計	169,247

出典：アニコム「家庭どうぶつ白書2022」

約69万円です。

保険料2万9900円と設定し、同様に平均寿命をかけると約43万円となります。人間とちがい健康保険が効かない猫の場合、手術や抗がん剤治療などをするとあっという間に何十万、場合によっては総額で百万円を超えることも（14ページ参照）。もちろん生涯大きな病気をせず、ごくわずかの医療費で済む子もいるでしょうが、こればかりは予測できません。

事前の備えで　いざというとき心に余裕を

愛猫に最善の治療をするために大きな借金をした人もいます。一方でお金の問題で治療をあきらめ、後悔し続ける飼い主さんもいます。

治療費・診療費、準備する目安は50万円を猫用口座・専用貯金箱に

結局備えはあればあるだけ安心。無理はしない範囲でいざというときのために用意しておくとよいでしょう。16〜17ページに記したようにペット保険を検討してみるのもよいと思います。または、保険料の分を貯金に回して、毎月計画的に貯めるのもよいでしょう。

何かあったときのために準備する際、最初の診療やさしあたっての治療費として50万円を目安にするとよいでしょう。猫用の口座か貯金箱にストックしておくか、50万円を目標に毎月貯めていくのもよいですね。猫専用を作ることで意識も高まり、貯まっていく安心感も生まれます。それは心の余裕にもつながります。

PART

猫のこと

猫ブームのおかげで
ネットでも本でも
猫にまつわる
情報はいっぱい。
ごはんやトイレ、
歯みがき、それから
性にまつわることも。
あふれる情報のなかの、
ホントのことだけを
知りたくて
聞いてみました。

待合室や診察室でのビビりがかわいそう 緩和できる措置はある?

キャリーバッグのカスタマイズから

動物病院の待合室はさまざまな動物の声やにおいがするし、知らない人間もいてビビりさんにはストレスフルですよね。最近では待合スペースを犬猫で分けているところも増えてきましたが、それでも敏感な動物たちは存在を感じ合うので、いつもとちがう場所に連れてこられたというだけでも相当怖いものです。

緩和できる措置としては、事情を話して診察の順番が来るまで車などパーソナルな場所を確保したり、狭い空間で落ち着く子もいるので、大きめのバスタオルやブランケットなどでキャリーバッグをおおって、外部の音や光をある程度遮断したりしてみるのもよいでしょう。

キャリーバッグの中に飼い主さんのにおいがついたタオルやおもちゃを入れて、自宅でも日頃から自由に出入りできるようにして、

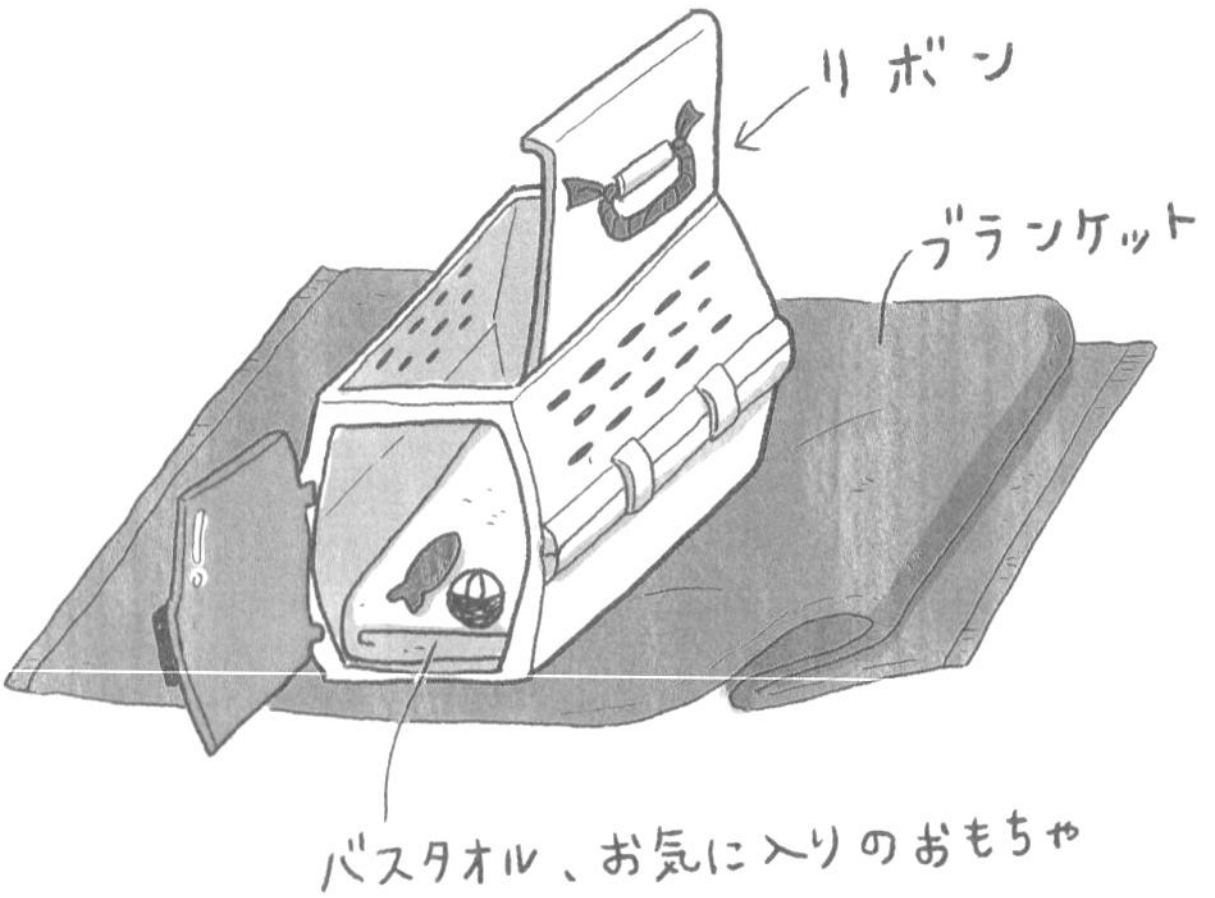

リボン

ブランケット

バスタオル、お気に入りのおもちゃ

ブランケットやバスタオルを活用して周囲の音や気配を感じさせない工夫を

嫌な場所ではないと覚えてもらう方法もあります。

猫のキャリーバッグは、上が開くタイプのものがおすすめ。扉が横にしか付いていないと、診察の際に奥から引っ張り出さないといけないので怖がりな猫にはストレスになります。また、点滴や注射の際、簡単な保定の役割をはたす場合も。

音に敏感な場合は、キャリーバッグの取っ手の部分にリボンなどを巻いて、運ぶときにパタンと音が鳴らないようにしている飼い主さんもいます。

診察後に、大好物のおやつをキャリーバッグの隙間からあげたり、声をかけたりしている人もよく見かけます。飼い主さんがそばにいてくれるだけで安心なのです。

何かと役立つ洗濯ネット

お出かけする際に、猫さんを洗濯ネットなどの袋に入れてきてくれる人もいます。怖がり猫さんの場合、事前にある程度慣れてもらうとよいですね。メッシュ状の袋の中は、意外に安心できる場所。ほどよく周りも見えて、体にやわらかくフィットすることも好まれるようです。日頃から自宅で、ネットの上に乗ったらおやつをあげたりして、入る練習をしておくのもよいかもしれません。

新品の洗濯ネットの場合、糊が効いているので一度素洗いをするとよいでしょう。それでも固いタイプは、塩素系の漂白剤にしばらくつけておくことでやわらかくなる場合も。使う前ににおいがなくなるまで洗いましょう。

猫を落ち着かせるフェロモン製剤

そのほかの対策として、猫を安心させたりストレスを緩和させたりしたいときなどに使用されるフェロモン製剤があります。待合室や診察室などに拡散器を設置している動物病院もあるので見たことがあるかもしれません。フェロモンは動物や虫の体から分泌される化学物質で、同種間のコミュニケーションに用いられます。猫特有のフェイシャルフェロモンなので人間にはわかりませんが、安心やリラックスの効果が期待できます。

猫用フェロモン製剤

拡散タイプ

コンセントに差し込んで使う。部屋全体に成分を拡散できるので、引越しや模様替えなど環境が変わったときなどにおすすめ！

スプレータイプ

直接吹きかけることができるので、キャリーバッグやタオル、家でもスプレー行為や決まった場所で粗相をしてしまう場所にピンポイントでシュッとかけることで効果が期待できる

拡散タイプとスプレータイプがあり、事前にキャリーバッグやタオル、移動用の車内などにふりかけておくことで、待合室での怖さを軽減することが期待できます。ただし効果は個体差があるようなので、まずは試してみて、長期的に様子を見ていくことをおすすめします。スプレー行為や粗相にも効果が期待できるといわれています。

バスタオル作戦

いざ診察室に入っても、まだまだ怖い猫さん。診察まではキャリーバッグの中にいさせてもらうよう頼んでみましょう。診察台の上では、バスタオルやブランケットをかけて視界を遮ることで恐怖心を抑えられることもあるので、試してみてはいかがでしょう。

猫にも抗不安薬や睡眠薬

極度に怖がりな子の場合は、抗不安薬を処方してもらい、事前に投薬してから来院してもらうこともあります。まれなケースではありますが、動物にとっては精神的負担が減るので、獣医師に相談してみるとよいでしょう。

完全室内飼いでも、ノミやダニ、フィラリア予防は必須？

人の健康にも影響するノミ、マダニ

猫の予防薬はスポットタイプや飲み薬などさまざまな種類があります。必要性についてもおすすめする先生としない先生がおり、投与する／しないは、ワクチン同様、常に議論されていてそれぞれ考え方やポリシーもあり、なかなかどちらとは言えない状況です。ただ、投与するリスクとしないリスクを比べた場合、しないリスクのほうが高いと言ってよいのではないでしょうか。

お薬はできれば与えたくない、という声はよく耳にします。必要でないものはできれば控えてあげたいという思いからでしょうが、ノミやダニは猫だけでなく人の健康にも影響します。

人への感染で死亡例も報告されているSFTS（重症熱性血小板減少症候群）は、ウイルスをもつマダニが原因です。このマダニは、全国的に認められています。猫に付着したマダニに触れたからといって感染することはありませんが、万が一そのマダニに噛まれた場合は感染の危険性はあります。

完全に室内飼いといっても、窓は開けるでしょうし、人間が外からもち込むことも考えられます。ペットホテルや動物病院を急に利用しなければならないこともあると思います。

もしマダニが猫を吸血していたら無理に取らずに必ず動物病院へ相談を。

完全室内飼いでも、虫予防薬はおすすめ
フィラリア予防ができるタイプを

予防薬効果が期待できる虫

フィラリア（蚊が媒介）

フィラリアの幼虫を持った蚊に刺されることで体内に侵入。

突然死に至ることも。

呼吸困難や咳、食欲不振など。

5月〜12月。

ノミ

寄生すると吸血と産卵を繰り返す。かゆみ、貧血、猫ひっかき病の原因菌を媒介することも。

通年だが梅雨の時期に活性化する。

マダニ

多くの病原体を媒介し、死に至ることも。吸血による貧血や皮膚炎、関節炎など。

人の被害も報告されている。

通年。

おなかの虫

体内に寄生する内部寄生虫。

食欲不振、嘔吐、下痢、血便、呼吸器症状など。

人に感染し深刻な病気になることも。

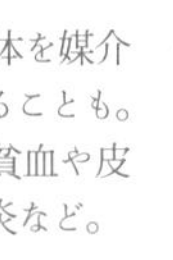

犬だけじゃない？ フィラリア症のリスク

猫のフィラリア症に関しては日頃の様子からは対処しきれないこともあるので注意が必要です。

フィラリア症は別名、犬糸状虫症といわれます。蚊を介しておもに犬の心臓や血管に寄生虫が寄生する病気です。私が獣医師になりたてのころは、関東でも感染した犬は日常的にいて、血液検査をすると顕微鏡下で幼虫を日々確認できました。最近は飼い主さんへの情報が広がっていて、毎年きちんと予防している犬が増えています。そのおかげか、動物病院でフィラリア症を診る機会はずいぶん減ってはきているようです。ただ、地域によってはまだ認められるし、数が減っているといっても油断は禁物、感染を放置すると犬が死んでしまうこともあり、予防すべき病気のひとつと言えます。

一方で、猫は犬に比べると感染の報告は少ないのですが、実際のところ症状がはっきりしないまま重篤化し、診断がつかないケースもあるかもしれません。

呼吸困難や咳といった呼吸器症状のほかに、食欲不振や体重減少、嘔吐といった、ほかの病気でも見られる症状も含まれるので、発見が遅れることがあります。

首都圏のある動物病院の調査では、猫の10頭に1頭以上がフィラリアの感染歴があるとするデータ

があり、そのうちの30〜40％は室内飼いの猫だったそうです。猫の免疫反応によりフィラリア幼虫は死滅し、成虫にならないことが多いので大事には至っていないものの、犬だけの病気と軽視はできません。

感染猫の10〜20％で突然死

フィラリア症に感染した猫のうち、10〜20％が突然死したという報告もあります。

予防するのであれば、投薬期間は犬と同じで「蚊の発生後1か月から蚊の終息1か月後までの間」です。期間は地域によって多少変わります。沖縄など暑い地域では年間を通して予防を考えたほうが安心ですし、関東では5〜12月が一般的です。最近は温暖化で気候変動が激しいので、室内でも蚊の種類によっては冬も活動しています。予防期間で迷うときは、その都度かかりつけの先生にご相談ください。

猫の健康、人の安全を守るためにも予防薬は有効

最近の予防薬にはノミ・ダニのほかに、フィラリアや消化管の寄生虫などを同時に予防できる薬もあります。また、飲み薬だけでなく、背中の皮膚に垂らしてあげる薬など、種類もいろいろです。投薬が難しい場合には、皮膚から吸収される塗布型のほうが簡単です。ただし、まれに舐めてしまって食欲が低下したり、皮膚にかゆみが出たりしてしまうこともあるので、先生とよく相談してみてくださいね。

ときおり、診察に来た猫さんからノミの成虫やノミ糞を見つけ、飼い主さんに確認すると、動物病院で処方されるものとはちがう市販の製品で定期的に予防していたという人もいます。比較すると少し高いですが、効能や安全性などを考えると初めから動物病院で取り扱う製品を使ったほうが、結果的に使う回数も少なくて済み、負担が減るのでおすすめです。

歯みがきのよい方法やアイテムは？本当に必要？抜歯という選択肢はあり？

全身疾患につながる口腔内の病気

犬や猫のデンタルケアは、近年重視されるようになりました。歯が痛い、モノが食べられないというだけでなく、歯周病が全身疾患につながることがわかってきていることから、飼い主さんの意識も高まり、歯みがきにチャレンジする人が増えてきています。必要か不要かと聞かれたら、やはり必要だと答えたくなりますね。

とはいえ、猫の歯みがきに苦労している人は多いようです。うちの猫は子猫のときから慣れさせようと、耳や顔などマッサージして喜ぶことをしながら少しずつトライしましたが、やはり口を触られることが好きではありません。歯みがき用のジェルも顔から50㎝くらい近づけただけで、目を細めて逃げてしまいます。そういう猫さん、少なくないと思います。

一方で、歯みがき大好きで歯ブラシもジェルも大丈夫、とても喜んでやらせてくれる、という猫さんもいます。子猫のときから無理をせず、少しずつチャレンジして気長に続けていきましょう。

歯ブラシはハードルが高いので、いきなりは避けてください。歯みがき専用のシートや、使いやすいサイズの布や手袋を水で濡らして使うほうが簡単で続けやすいでしょう。初めは口の周りをなでたり、唇をめくってみたり、触らせることに十分に慣れさせてから、段階的に行いましょう。強く嫌がる場合、おやつなど、ご褒美をあげながらするのもいいですね。

猫は約7日で歯垢が歯石に変化

歯ブラシは、グルーミングのように顔周りをマッサージしながら慣れさせるという手もあります。

歯みがきは毎日できればよいですが、大変なときは1週間に1〜2回くらいのペースで行いましょう。猫は約7日で歯垢が歯石に変化します。歯石になると通常のお手入れでは取りづらくなるので、できるだけその前に行いましょう。すべての歯が難しい場合、歯石や歯垢がたまりやすい奥の臼歯だけでもケアできるとよいですね。

健康のためにも実践したい歯みがき 多彩なアイテムを活用しよう

歯みがきふりかけ

猫用歯ブラシ

歯みがきシート

歯みがきおやつや歯みがきおもちゃも

とはいえ、歯みがきが苦手な猫にはどうしたらよいでしょうか？口の中に食べ物が残ると口腔内の環境が悪くなるので、やわらかいパウチのごはんよりも、カリカリのドライフードのほうが食べかすが残らずおすすめです。

歯みがきおやつを与えたり、布製の噛めるおもちゃを使ってみるのもよいでしょう。ただ、決まった歯だけを使うので歯みがき効果はそう高くありません。歯みがきおやつはサイズや形状によっては、丸飲みしてしまい、食道に詰まってしまう危険があるので注意が必要です。丸飲みしてしまっては、それこそデンタルケアとしての効果はゼロ。棒状のものや大きなサイズのものは、小さいサイズに噛み切れるように手に持ってサポートしてあげてください。またすでに歯が悪くなっている場合、かたいおやつは逆効果なので要注意。

歯周病が悪化している場合は獣医師に相談を

歯みがきは子猫のうちから、あるいは歯が健康なうちから始めるにはよいですが、すでに歯周病が悪化している場合、刺激を与えると痛いことがあり、食欲不振にもつながるのでやみくもに進めるのはやめましょう。例えば口周りを触るのを嫌がる、口臭がひどい、歯が茶色っぽく変色している、歯茎が赤く腫れているような場合は歯周炎や口内炎がある可能性が高いので早めに獣医師に相談してください。歯石除去をしたほうが口腔内の細菌の増殖を抑えられ、残っている歯を守ることができます。

抜歯という選択肢

歯槽膿漏となり、歯の根っこの部分がグラグラしているような重度の場合は、抜歯を勧められることもあると思います。歯を抜くのはかわいそうに感じる人がいるかもしれませんが、猫は嚙んで食べるよりも飲み込んで食べる動物です。残しておくことで口腔内の炎症が広がり、あごの骨にまで影響を与えて骨折してしまうということにもなりかねません。全抜歯による生活への支障はほとんどないといわれ、むしろごはんをもりもり食べるようになったなど、よい話のほうを耳にします。

ただし、歯石除去や抜歯は全身麻酔となり、そのための事前検査も必要になります。腎臓や肝臓に疾患があるとリスクが高まるため、事前検査から行ってくれる病院での処置をおすすめします。

デンタルスプレー

デンタルケアサプリも多彩なタイプが登場

最近多くのメーカーが口腔内の環境改善が期待できるデンタルサプリメント（口腔内善玉菌やラクトフェリン）を発売しています。嗜好性が高く、猫にも与えやすいようで、一定の効果が報告されているものもあります。サプリメントなので長期的に使用しないと効果は実感できないかもしれませんが、補助的に使ってみてください。

デンタルケアを続けることで、心臓や腎臓、肝臓など、ほかの病気も予防できます。日々のデンタルケアで猫さんに長生きしてもらいましょう。

歯みがきおやつ

歯みがき指サック

しっぽの付け根を叩いていたら、お尻を上げるように……性感帯ってホント？

**ただただうれしいだけ
好きなだけポンポンして**

しっぽの付け根が好きな猫って多いですよね。女の子だけかなと思っていると、男の子も触られるのが好きな様子です。猫の発情期にメス猫がオス猫を受け入れるときの姿勢と同じようなポーズをとるので、自分に向かって興奮しているのかと勘ちがいして心配する方も多いようですが、性的に興奮しているというよりも、ただただ気持ちがよくて喜んでいるのだと思います。

あごの下や顔の周りなどを触られると喜ぶのと同様に、猫同士のコミュニケーションに使われるフェロモンを分泌する部位なので、飼い主さんと関わりたい気持ちがあるのかもしれません。嫌がらないのであれば、かまってポーズだと思って ポンポンなでなでしてあげてください。猫はきっと大歓迎です。ただし、しつこいと嫌われますのでほどほどに（笑）。

また、頭や顔周りをなでていると、ゴロゴロ音を出しながら、威嚇のときと同じようにしっぽを大きく膨らませる猫さんもいて、驚く人も。これもまた交感神経が優位になり活発な状態になっているのでしょう。猫にとってハイテンションの表現かもしれません。

**生殖器にまつわる言葉も
気にする必要なし**

診察室でのやりとりで、飼い主さんが言いづらそうにしている言

葉に、例えば発情とか、肛門、乳首、ペニス、膣など、ふだん日常では使わない言葉なので、恥ずかしそうにしているのを見かけます。たしかに、猫の話だとしても言いづらいですよね。

一般的には、口にするのは恥ずかしく感じるかもしれませんが、診察室の中ではそんな恥じらいは必要ありません。というのも、獣医師はそんな意識なく使っていることが多いからです。逆に、飼い主さんの恥じらいに気づいた時点で、獣医師のほうが恥ずかしくなってしまい、話しづらくなるかもしれません（笑）。遠慮なく、堂々と、猫のために言葉にしてお話しください。

交感神経が優位になってうれしさが高まっただけ
生殖器に関わることも気軽に相談を

何かあるとすぐ病院に連れていきたくなる 行く行かないはどう線引きする？

ふだんとちがう行いは病気や不調のシグナル

何か気になることや、いつもとちがう感じがするといったときは、迷わず病院に連れていきましょう。「大げさすぎるかな」と心配する必要はありません。獣医師に状態を話して、身体検査などで何も問題がなかったとしたら安心して、ついでに獣医師と猫好き談義をして、いろいろと猫情報をもち帰ってくればよいのです。

吐いたり下痢したりといった明らかにわかる症状がなくても、朝はいつもごはんが欲しいと近づいてくるのに来なかったとか、毛づくろいをしなくなったとか、いつもとちがう場所で丸まって寝ているなど、日々の行動とちがうことが数日続くのであれば獣医師に相談してください。

例えば、すごく食欲があるのに痩せてきたから心配で……と来院する飼い主さんがいますが、話を聞くとかなり前から少しずつ体重の減少は気になっていたり、よく鳴いて甘えてくるといった行動の変化にも気づいていたりします。食欲はあるし、年齢による老化だと思って様子を見ていたら、じつは甲状腺の病気だったということもあります。

うちの猫は体重が4kgくらいですが、もし200g減ったとすると全体の5%減ることになるので、60kgくらいの人間で換算すると3kg減少です。人間で何も特別なことをしていないのに3kgも減った

とすると、何かおかしいと感じるはず。高齢猫でカロリー制限をしていないのに、体重が3か月間で5％以上減少しているときは、病気が隠れている可能性があります。猫での数百グラムはかなり大きな変化ですので、日頃から体重はチェックしておきましょう。

人間は自分で病院へ行けますが、動物は飼い主さんが異変に気づいてくれないと治療を受けられません。何となくいつもとちがう、という感覚的なことが動物たちの命を救うセンサーとして役立つことがあるので、人の感覚はあなどれません。いちばん近くにいる飼い主さんだからこその特別センサーで、病気の早期発見につなげていきましょう。

してしまった後悔は時間が解決するが しなかった後悔はずっとひきずる

猫は元気なふりが得意

とはいえ、病院に行くことがそう簡単ではない場合もあります。まず飼い主さんの仕事や学校など、時間的な問題。金銭的な問題。病院が遠いとか、交通手段の問題。そして、猫さんによっては病院が大の苦手でストレスを感じる場合など、さまざま。

もちろん命に関わるとわかっていたら、何をおいてもどうにかして連れていくとは思いますが、それ以前のわずかな変化などの場合、どうすべきか悩みますよね。

左の表は、病院へ連れていくタイミングを症状別に分けたものです。猫さんの年齢や病歴、体質、生育環境などによってちがってくるのでそれらをふまえ、あくまでも目安として参考にしてください。

CMにもありますが猫というのは、なぜか元気なふりが得意です。常日頃から観察し、小さな異変を見逃さないようにしましょう。

そして「あのとき連れていけばよかった」と後悔しないためにも、変化や気になることがあったときに、すぐ動ける準備をしておいてほしいですね。

少なくとも、左の表にある深刻度★の状態で連れていったとしても「大げさだ」なんて思う獣医師はいないと思ってください。深刻度★★★の場合は気づいたらすぐ、夜間救急でも連れていってほしい状態です。

深刻度 ★★★★

今すぐ病院へ

- ぐったりしている
- 誤飲誤食
- 嘔吐が止まらない、連続する
- 24時間近く排尿していない
- 開口呼吸
- 後ろ足が立たない
- 変な声で鳴く（何かを訴えるような声で落ち着かない様子）
- てんかんのような発作
- 急なよだれ
- 急ないびき
- 耳や口の粘膜が黄色や白
- 舌が青白い
- 体や耳が熱い
- 顔が腫れている（急変）
- 高所からの落下

深刻度 ★★★

翌日には病院へ

- 1日に3回ほど嘔吐
- 血便・血尿
- 体表にわかるくらいのできもの
- おなかを触ったときにしこり
- 繰り返すよだれ
- 耳を激しく掻く
- 耳の腫れ
- 爪が折れた（出血は止まっている）
- 歩き方がおかしい

深刻度 ★★

1〜2日経っても改善しなければ病院へ

- 食欲がない（いつもの半分以下）
- くしゃみ
- 涙目・目やに
- あごニキビ
- 一時的な発作やふるえ（症状が治っている）
- 繰り返す嘔吐・下痢

深刻度 ★

3日以上改善しなければ病院へ

- 大きさが変わらないイボ
- 下痢
- ずっとある口臭
- 食欲にムラがある
- 足や手に大きなハゲ
- 毛づくろいによる脱毛
- 耳の汚れ
- 急に増えたフケ
- 便秘

上記はあくまでも目安です。元気、食欲がない場合や複数の症状が見られる場合は、深刻度に関係なく早めの受診をしましょう。

マイクロチップが義務化されました　やはり入れたほうがよいもの？

離ればなれになった猫が戻ってくるための命綱

2022年6月からブリーダーやペットショップなどで販売される犬や猫について、マイクロチップの装着が義務化されました。

マイクロチップとは15桁の個体識別番号が記録された直径1〜2㎜、長さ8㎜ほどの円筒形のカプセルで、獣医師が注入器を使って犬や猫の皮下に埋め込みます。個体識別番号は飼い主の名前や住所、電話番号などを登録した環境省のデータベースと紐づいているため、専用リーダーで読み込めば飼い主情報がすぐにわかって連絡が来るしくみ。半永久的に使える迷子札といえます。

動物が家から飛び出してしまったとき、震災や台風などではぐれたとき、移動の際に逃げてしまったとき、迷子になったときなどに、マイクロチップが装着されていればその番号から飼い主の住所や電話番号など、猫の身元がわかるので連絡が来ます。でも装着されていなければ家に戻ってくるチャンスは失われてしまいます。考えたくないことですが、保護されても飼い主さんが見つからなければ、保健所で殺処分ということもないとは言い切れません。

家から外に出て迷子になってしまった猫が保護され、マイクロチップを装着していたおかげで飼い主さんのもとへ無事に戻った例はいくつもあります。

また同時に、マイクロチップ装

着は動物をむやみに捨てる無責任な行動の抑止にもなります。法律上の問題だけでなく、飼い主としての責任をもつという意味でも必要です。すでに飼っている場合、装着は努力義務ですが、万一のときのためにも装着しておくことを推奨します。

登録の方法は、環境省の「動物愛護管理法」のサイトや、近くの動物病院で確認してください。今はオンラインで登録ができます。環境省への登録と同時に、AIPO（Animal ID Promotion Organization）という、マイクロチップによる犬、猫などの動物個体識別の普及推進を行っている組織にも登録しておくとよいでしょう。AIPOは全国の動物愛護推進協議会や公益社団法人日本獣医師会による組織。

迷子になった犬や猫がもし動物病院に保護された場合は、読み取った番号を獣医師が確認し、環境省の機関を通さずに直接飼い主さんへ連絡します。

不測の事態ではぐれた愛猫と再会したいなら ぜひ装着を

挿入は動物病院で注射と同じ感覚

マイクロチップの挿入は太めの針を用いるため多少痛みが伴いますが、一瞬で終わります。場所は首の後ろあたりが一般的。装着の費用は数千～1万円以内で、飼い主さんの負担となります。補助金を出している行政機関もあるので確認するとよいでしょう。

読み取り機は一部を除く動物病院のほか、保健所や動物愛護センターに設置しています。

動物を安易に飼い、むやみに遺棄してしまうような無責任な人が、この義務化で少しでも減ることを願っています。

フードの情報が錯そうしていますが 実際のところ何が正解？

健康な猫は総合栄養食で 1日に必要な栄養はとれる

猫のごはんについてはさまざまな情報があり、どれが正しいのかわからず悩んでしまうという声をよく耳にします。毎日体に入れるものだからこそ気になるのは当然。できるかぎり安全で、健康によいものを食べさせたいですよね。

日本では2009年6月1日からペットフードの安全性の確保を図る目的で、「愛がん動物用飼料の安全性の確保に関する法律」（ペットフード安全法）が施行されています。国内で扱われるペットフードはこの法律に沿って、成分規格などの基準がありますので、フードの質に関しては過度に心配する必要はありません。

「総合栄養食」と記載があるものであれば、栄養成分の基準を満たしてバランスがとれているので、健康な猫にはその中で選べば問題ありません。成長段階に合わせてカロリー計算もされているので、体重に合わせた量を与えてください。

総合栄養食にはドライフード・ウェットフードの両方がありますが、ドライフード、いわゆるカリカリのほうが、量に対して高いカロリー、栄養がとれます。缶やパウチなどのウェットフードだけで1日に必要なカロリーや栄養をとるには相当な量を食べなければならないのでカリカリのほうが与えやすく人気です。コスト的にも低く済みます。

プレミアムフードとレギュラーフード

総合栄養食にはプレミアムフードと呼ばれる製品があります。呼び方だけ見ると、高級品のイメージが強いですね。実際にほかの製品より価格帯は高めです。ただ単に高級というより、猫の健康を維持するさまざまな成分工夫がされている点が特長。例えば高品質の動物性タンパク質を多く含んでいる、保存料や酸化防止剤など添加物を使っていない／少ないなど、飼い主さんとしては魅力的なポイントが並びますね。

プレミアムフードよりも低価格でスーパーマーケットやコンビニなどでも購入できるごはんは、一般的にレギュラーフードと呼ばれます。きちんと成分規格基準に則って作られているので安心してください。ただ、多くは嗜好性が高い（味やにおいが強い）ものが多く、猫の食いつきは悪くないのですが、何かの病気で療法食などに変えなくてはならない場合など、移行が難しいこともあります。

話題のグレインフリーってマスト？

昨今のフード事情では、グレイン（穀類）がまったく入っていないという意味の「グレインフリー」のごはんがかなり話題になっています。

一般的なドライフードは、原材料となるものを粉状にしてから水

健康な猫なら総合栄養食で十分
新鮮なものを喜んで食べることを最優先に

分を加えて加熱加工しています。その過程でデンプン状になった穀類もフードに含まれています。猫は肉食動物といわれていますが、加熱加工しデンプン状になった穀類は十分に消化できている報告があるのでグレインフリーのフードでなくても健康面には影響がないでしょう。

気をつけたいのは酸化

また、どれだけ質がよいものでも、保管方法がずさんだと酸化してしまいます。酸化すると猫は食べないし、健康にも影響します。大容量で購入するようなときは直射日光があたらない場所で小分けにして保管し、酸化をできるだけ防ぎましょう。ウェットは水分が75%ほど含まれるので必ず冷蔵庫で保管して、2日以内に使い切ってください。

ハードルの高い手作り食

手作り食について聞かれることがありますが、猫での完全な手作り食は栄養面を考えると難しいというのが現実。栄養管理を正しく行うにはバランスだけでなく嗜好性も考えないとならないし、猫相手ではとても大変です。どうしても作りたいという場合は、通常の総合栄養食にトッピングして与える程度にとどめるのが安心です。もしも何か病気を発症している場合は、必ずかかりつけの動物病院で相談をお願いします。

年齢別のフードのメリット

キャットフードの表示には子猫用、シニア用など、年齢によって分かれているものがあります。成分や栄養、形状などそれぞれのステージに合わせた工夫がされているので、試してみるのも◎。

例えば子猫用フードは、免疫力を上げる栄養素や便秘を防ぐ食物繊維が多く含まれているものなどがあります。形状も小粒だったり柔らかめだったりと子猫が食べやすく作られています。

「7歳以上」「11歳以上」「15歳以上」など、細かく分かれているシニア用フードもメーカーによるちがいはありますが、運動量が減り

太りやすくなる7歳以上は低カロリー気味に、11歳以上になると筋肉量が減って痩せてくるので高カロリーというように、健康に配慮した創意工夫がされています。

猫さんがおいしそうに もりもり食べてくれること

このように、フードの情報はあふれていますが、結局は猫さんが喜んで食べるものがいちばんなのです。ただ、長い猫生（にゃんせい）のなかで体の状態が変わっていくことを想定すると、最初は栄養価の高いプレミアムフード、体調の変化などがあったら療法食、食欲が落ちてきたら嗜好性の高いレギュラーフードやウェットというのが、移行しやすい流れといえるでしょう。

病気や怪我をした外猫を見つけたら？飼えないなら保護すべきではない？

まずは保護して病院へ連れていってほしい

外猫の保護にはさまざまな考え方があります。自分で責任がもてないなら保護すべきではない、赤ちゃん猫の場合は免疫ができるまでは親猫が育てたほうがよいから手出しはしないなど。また地域猫として守られている外猫もいるので、一概によい・悪いを定義づけることは難しいかもしれません。

それでも私は、怪我をしていたり、具合が悪そうだったりする子を見つけたら助けてほしいと思います。一時的に保護して必要な治療を行い、ある程度回復したら里親さんを探すこともできますよね。病院が協力してくれる場合もあるし、近くの保護団体やシェルターなどに相談する方法もあります。初めは飼う予定がなくても途中から可愛くなって、自分で世話を続けるという人も大勢います。後のことを考え過ぎて目の前の弱っている命を見過ごさないでほしいというのが本音です。

とはいえ、現実的な問題も無視はできません。

気持ちだけでは救えないことも

病院に行けば、当然ながら治療費や入院費などがかかり、それは保護した人が負担することになります。病院の混み具合などですぐに診てもらえない場合もあります。極度に弱っているときなど、病院へ行っても回復することなく命を

目の前で弱っている命を前にしたとき 自身の心のままに行動を

落とすケースもあります。このように、勇気を出して猫を助けたいと思った気持ちが現実的な問題で遮られ、結果的に悲しい思いをする可能性もあります。でもそのまま放置し、ずっと後悔するよりよかったという考え方もできますね。つまり保護すべき／すべきではないという意見ではなく、自身の心で決めてほしいのです。

病院に行くまでの時間 自宅で過ごさせる場合

夜中などすぐに病院に行けないときに保護した場合、一旦家で預かることになるでしょう。自宅にすでに猫がいれば、隔離するためのケージや部屋が用意できるとよいです。一時的な隔離場所としてお風呂にシーツなどを敷いたり段ボール箱を用意したりするのもよいでしょう。寒くないようペットボトルにお湯（50〜60℃）を入れたものなどを用意してください。

外猫の場合、すでに感染症のウイルスなどを持っていて家の猫にうつる可能性があるので、お世話するのも気をつけてあげないといけません。入院させたほうが安心であればそういった事情も動物病院に伝えて相談してみてください。金銭的なことも含め、事情や希望は、先に伝えておいたほうがよいでしょう。

もし、赤ちゃん猫を保護した場合は、まず温めること。段ボール箱を用意して、ブランケットなどを敷いて寝かせます。ペットボトルにお湯（40℃ほど）を入れてタオルにくるみ近くに置きましょう。動物病院で聞けば排泄のサポートやミルクについて教えてもらえます。

猫の飲み水、年齢などによる適切な量は？ 水道水で大丈夫？

体重1kgあたり40〜50cc／日

猫が1日にどれくらい水を飲んでいるのか、ふだんは考えずに水を与えているかもしれません。多頭飼育の場合は個々の測定は難しいですが、1頭の場合は自宅で健康チェックも兼ねて一度測定しておくとよいですね。

飲水量を測定する際は、いつも使っている容器にあらかじめ計量カップで測り入れ、12時間後に残っている水を同じ計量カップに戻せば飲んだ量が測れますね。それを2回続けて24時間（1日）の引水量を測ります。このとき、食事の種類も考慮が必要。ドライフードであれば、そのままで問題ないですが、ウェットタイプの場合は、フード量の約70〜80%が水分です。その分も足してください。例えば80gの缶なら50〜60gの水分を足しましょう。

猫の正常な1日の飲水量は、体重1kgあたり40〜50ccです。例えば、3kgくらいの体重の猫では、120〜150ccです。これはどの年齢によっても同じです。もともと猫はガブガブと水を飲む動物ではないので、一気にたくさん飲む猫はもしかすると、腎臓病などが隠れていることがあるかもしれません。もし飲水量が1日に体重1kgあたり60cc以上認められる場合は、通常より多めなので、獣医師に早めに相談しましょう。

それから、季節の変化や室内の温度によっては水が蒸発するので、わずかではありますがその量も加味したいところですね。

安心して新鮮な水が飲める環境を用意

猫は腎臓や膀胱の病気が多いので、予防のためにも自由に安心して水が飲める環境を整えておいてほしいです。

ミネラルウォーターなど市販の水、特に硬水は尿路結石などの原因になる可能性も。また塩素によって殺菌されている水道水とちがい、雑菌が繁殖する確率が上がります。日本の水道水の水質はとても高いので、そのままあげてまったく問題ありません。

重視したいのは新鮮な水を用意すること。最低でも1日に2回は交換しましょう。水飲み場も1か所ではなく何か所かに用意して、いつでも十分に飲めるようにしてあげましょう。

自動で給水するものや、吊り下げるタイプのものなど、便利なアイテムがありますが、できる限り新鮮な水を与え、道具の不具合で飲めないといったことがないように注意してあげてください。

においに敏感な子は、トイレの近くは好まなかったり、食器に残る洗剤の香りが気になったりして、水場に近寄らなくなることもあります。なるべく静かで、気になるにおいが少ない状態にしましょう。

4kgの子だと1日160～200ccほど
日本国内なら水道水で問題なし

猫アレルギーの人は本当に猫はだめ？
一緒にいるうちに治ったという人がいるけれど

できることから始めよう

獣医師の立場としては、ダメかどうか聞かれたら「大丈夫」とは言えません。ただ、猫アレルギーの人でも工夫をして一緒に暮らしている人も多くいますし、実際にアレルギーが治ったという人もいるという事実はお伝えしましょう。

猫が好きで猫アレルギーがあると辛いですよね。私の家族も猫アレルギーがあり、直接触らなくても猫のフケに反応して目や皮膚がかゆくなったり鼻水が出たり、呼吸が少し苦しくなったりしますが、薬とうまく付き合いながら猫とは距離をとりつつ、同居しています。人のアレルギー症状に関することは、自己流で判断せずに必ず人間の病院で相談して適切な治療を受けてくださいね。

アレルギーは急に出ることがあるので、現在猫と一緒に暮らしていて問題がなくても、この先もし症状が出始めたらどうしたらよいのだろうと思う方もいるでしょう。

以前、猫アレルギーの診断を受け、猫を手放すようにお医者さんに促されて悩んでいた人の相談を受けました。その人は幸い軽症だったので、家族の協力を得ながら、専用の猫部屋を用意し、住み分けをすることで同居を続けています。

基本は掃除、洗濯ブラッシング

症状の程度にもよりますが、まずはこまめに部屋の掃除をするなど、できることから始め、猫との

暮らし方を考えましょう。

猫が座ったり寝たりすると、どうしても毛が付着したりフケが残ったりします。カーペットやマット、クッションなど布製のものは使わない、寝具などがある部屋には入らせないなど、対策を徹底する必要はありそうです。

フローリングであれば掃除もしやすいので、掃除機でゴミを吸うだけでなく、毎日床の拭き掃除まで行いましょう。高温スチームが出るモップは、私も持っていますがとてもおすすめです。

また、できればアレルギーが出ない人に頼んで猫のブラッシングをこまめにしてもらい、猫の体の汚れを濡れタオルで拭き取るとよいですね。猫アレルギーが完全に治るということはないかもしれませんが症状は軽減する可能性も。

重篤化して手放すときも猫の幸せを考えて

とはいえ、アレルギーは命に関わります。どんなに愛しくても飼い主が死んでは元も子もありません。本書の読者さんにはいないと思いますが、自分や家族のアレルギーが命を脅かすほど重篤な症状となり、やむを得ず猫を手放す決断をしたとしても、外に放り出したりせず、幸せに暮らせる里親さんを探すなど、その後の幸せを考えた選択をぜひお願いします。

いちばんはうまく猫アレルギーとも付き合う道を平和に見つけながら、一緒に暮らせることですね。

飼い主の健康あってこその猫の幸せ
慎重な判断で答えを見つけて

ワクチンは年1回？3年に1回？何を打てばよいの？

明確な答えが出ていないワクチンの接種頻度

ワクチンは年に1回か3年に1回かという議論は獣医師で意見が分かれているのが現状で、明確に統一されていません。いくつかの論文がありますが、世界小動物獣医師会が発表しているワクチンガイドラインに則った3年に1回のプログラムを推奨している先生によって広まった情報でしょう。おもに使われている3種混合ワクチンは、3種とも同じ程度に効果が持続すればよいのですが、個体差もあることから完全室内飼育の猫でも1年に一度の接種を推奨されています。

ワクチンに関しては打つ・打たないから始まるさまざまな考えがあり、今も議論が続いています。それぞれにメリット・デメリットがあり、猫によっては強い副反応を起こす子もいるし、亡くなってしまったケースもあります。ただ、さまざまな感染リスクから守ってくれるメリットのほうが大きいと考えられますが、最終的には飼い主さんの判断となります。

　感染力が高い3つの感染症に対する3種混合ワクチンはコアワクチンといわれ、完全室内飼育の猫でも接種を推奨されています。猫伝染性鼻気管炎（FHV）や猫カリシウイルス感染症（FCV）は、動物病院などでの感染リスクがゼロではないので接種しておいたほうが安全です。猫汎白血球減少症（FPV）は、汚染された便や便に触れた洋服や靴などからも感染するリスクがあります。飼い主さんが外猫さんと接触する機会があるとか、これから子猫を迎え入れるような場合は必ず接種したいワクチンです。

　子猫の場合、初年度は免疫をつけるために2〜3回接種します。一般的には8週齢以降に初回接種を行い、3〜4週間後に2回目、3回目はそのあと16週齢以降くらいの時期、それ以降は12か月以内に4回目となります。シンプルに考えると、生後2か月齢くらいに1回目、その後1か月ごとで計3回接種すればよいということになりますね。

環境によって選択したい ノンコアワクチン

　ノンコアワクチンには、猫クラミジア感染症、猫白血病ウイルス感染症（FeLV）、猫エイズウイルス感染症（FIV）などがあります。感染猫と濃厚な接触がなければそれほど心配はないですが、いずれも発症すると治療が難しい病気です。万一外に脱走して、ほかの猫と喧嘩するような不安があれば必要なワクチンです。猫白血病ウイルス感染症や猫エイズウイルス感染症は血液検査でわかります。結果が陽性でも無症状の猫も多いので、ほかに同居猫がいても慌てずに対処していきましょう。血が出るような激しい喧嘩は避けられるよう飼育環境を考えていければまず問題ありません。無症状なのであれば、免疫力が低下しないようにストレスを減らすよう生活環境を整えたり、栄養バランスのよい食事を与えるといったことから始めていきましょう。

年1回の接種をおすすめするが 打つ・打たないも含めそれぞれメリット・デメリットはあり

シニア猫とのスキンシップはどの程度必要？ むしろ負担になる？

スキンシップは健康チェックにもなる

スキンシップは、シニアに限らずどの年齢になってもしてあげてほしいですね。

ただ、猫の性格や健康状態に合わせて調節したいところです。寝る時間も増えるし、眠っているときは無理に起こさずそっとしておいてあげましょう。

若いときは嫌がらなかったのに、年齢とともに避けるようになったのであれば、腫瘍があって触れると痛いとか、神経の病気で刺激に敏感になっているなど、何かの病気の予兆かもしれません。

明らかに体温が高いとか低いなどもてのひらで感知できます。ふだんからのスキンシップは健康チェックにもなるので、シニアになっても肌が触れ合う時間を大切にしてください。

スキンシップというと、まず思いつくのがなでるという行為ですよね。なでるにしても猫によって好きな体の部位がちがいます。触られるのが好きな部位を、気持ちよさそうにしているのであれば、優しくなでてあげてください。顔周りが好きな子であれば、耳の付け根や頭頂部、目の周り、あごのあたりなどをゆっくりマッサージしてあげると喜ぶと思います。猫の表情を見てウットリしているようであれば、飼い主さんにもリラックスタイム。満足している猫の顔を眺めながら、ともに幸せな時間を過ごしましょう。

優しく手を当てる、手当て

年齢とともに筋肉が痩せてきて、骨がゴツゴツしてくるような体型の場合は、過度になでると痛がるかもしれません。声をかけながら、手を軽く当ててあげるだけでもよいと思います。

スキンシップはコミュニケーション方法のひとつです。お互いの体温を感じ合い、存在を認識するだけでも猫も人も安心できます。

スキンシップはコミュニケーションのひとつ
様子を見ながら続けてほしい

機能式トイレなどいろいろ出てるけれど実際はどうなんでしょう？

「猫」のメリット・デメリットを重視して選ぶ

昨今の猫トイレは単に形やデザインだけでなく、かたづけが楽なシステムトイレ、尿量や回数、体重チェックなど、健康管理ができるIoTタイプのトイレなど実に多彩なものが登場しています。

そもそも猫の排泄は砂を掘り、その穴に排泄をして、また砂を足で掻いて排泄物をおおい隠して終了、という流れです。そう考えると、砂を入れる一般的なトレイ型のトイレで十分な気がしますが、そこは飼い主のライフスタイルや健康意識の変化に伴い、いろいろ試したくなる気持ちもわかります。

まず、一般的なトイレの基本として、掘っても底が見えない程度の量の砂を入れてあげてください。およそ5cm以上の深さが理想です。猫砂のサイズは粒がより小さいほうが猫には好まれるようです。

また、トイレのとき体の向きを変えるので、トイレの大きさは猫の体の1・5倍以上が理想的。複数頭猫がいる家では、トイレの数は「猫の頭数プラス1以上」がベストです。洗濯機など激しい音がする場所は避け、猫の食事や寝る場所から数メートル離れた静かなところに設置しましょう。

左に最近のトイレを表にしました。トイレ選びで大切なのは猫さんが心地よく排泄できること。飼い主さんにとって便利でも猫さんが不自由を感じるようであればまちがったチョイスといえます。

猫が心地よく排泄できるのがよいトイレ

最近のトイレいろいろ

トイレのタイプ	構造・形状	メリット	デメリット
オールフード型	すっぽりと壁と屋根で囲まれている	周りの様子を気にせずにトイレに集中できる	換気が弱く、においを気にする子には好まれないかも。排泄時の異常に気づきにくい
上開き穴型	入口が上部にある深いバケツ型の構造。省スペースで置ける	排泄後の砂が飛び散りづらく掃除が楽。穴に入るのが好きな猫には好まれる	内部の様子がわかりづらいため掃除などは気をつけたい。トイレのたびに飛び上がる必要があるので、高齢猫や関節炎などがある猫には不向き
システムトイレ（平型／フード型）	すのこで上下に区切られ、上は猫砂、下のトレイのペットシーツにおしっこだけが落ちる構造	数日はペットシーツだけの交換で済むため掃除が楽。定期的な健康チェックレベルの採尿がしやすい	消臭などが徹底された砂やペットシーツが使われているため、人間の嗅覚では汚れに気づきづらい
最新型全自動トイレ	形状は多彩。カメラやセンサーが搭載されている	IoTで猫砂の交換や清掃、猫の入室、トイレの滞在時間や尿量などもグラフ化したりいろいろな情報が得られる	作動音などが気になりなかなか入らない場合も。比較的高価

最新型
全自動トイレ

オールフード型

上開き穴型

システムトイレ

採尿が難しくてすごく苦労しています　よい方法・アイテムは？

便利なアイテムを活用し若いときから慣れさせよう

尿検査は、泌尿器系の病気や糖尿病の診断などができる検査です。猫の場合、多くの病気を早期発見できるので、若いうちから自宅で採尿して定期的に検査をすることをおすすめします。

とはいえ、猫の家での採尿は犬とちがって難しいですよね。特にナイーブな性格の子は、いつもとちがう動きをすると、敏感に感じ取って途中で排尿をやめてしまうことも。

動物病院にもよりますが、一般的なものはスポイトや注射筒（シリンジ）、棒の先にスポンジが付いたもの（ウロキャッチャー）を渡され、それに尿を取ってきてくださいと言われます。容器がもらえない場合は、お弁当のおしょうゆ入れなどスポイト式のきれいな容器でもOKです。

まずは、猫さんがトイレに行ったタイミングで、左ページのいずれかの方法で行ってみましょう。猫にとって排泄はとてもデリケートなもの。強引にやろうとすると、トイレに行かなくなる場合もあるので、様子を見ながら何度かトライするのがよいでしょう。

どうしても難しければ膀胱穿刺という方法も

家での採尿がどうしても難しい場合、病院で膀胱穿刺（ぼうこうせんし）を行う手もあります。おなかに針を刺して尿を取る方法で、触診しながら針を刺す方法と、超音波で確認しながら針を刺す方法の2種類があります。無菌状態の尿が採取できるので、細菌培養などが必要な場合にも有効です。安全に行えば正確な検査ができる方法ですが、出血など合併症のリスクもあるので獣医師とよく相談してください。

オス猫の場合は、尿カテーテルを行う場合もあります。比較的安全な方法ですが、カテーテル挿入時に尿道を傷つけないように行う必要があります。

直接手で膀胱を圧迫する方法もありますが、圧迫することで膀胱内の尿が逆流し、細菌が尿管や腎臓に運ばれるリスクがあるため、あまり行われません。

リスクが低いのはやはり家での採尿といえそうですね。小さいうちから慣れさせておくとスムーズかもしれません。

家での採尿方法いろいろ

5~10ccあれば大丈夫！ 10ccは手の指の第2関節くらいのかさ

料理用のお玉や平たいお皿をそっと差し入れる

ラップや裏返したペットシーツを敷いた上に少なめの砂を入れて

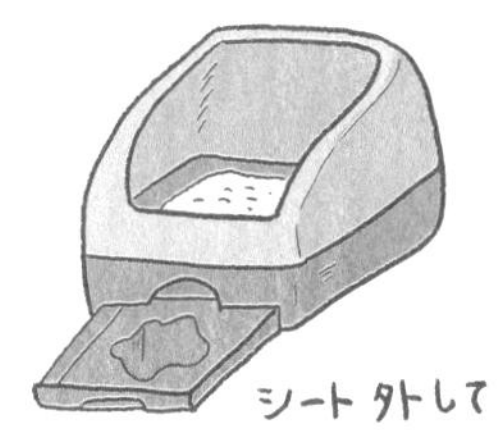

システムトイレの砂をいつもより少なめにして、下のトレイにはシーツは敷かない

お玉やラップ、ペットシーツの裏側を活用し猫さんに気づかれぬようにそっと採尿

タバコ、柔軟剤、消臭スプレーなど、部屋や服について舐めたら危険なものは？

猫のリンパ腫発症率に関わる？ 喫煙習慣

猫って気づくと毛づくろいしていますよね。うちの猫は肉球の隙間から尻尾の先まで、よく舐めています。とてもリラックスしているのが伝わりますが、一方で私たちが使用したさまざまな化学物質が猫の舌を通して体内に入っていくことを考えると悩ましいですね。

喫煙者がタバコをやめるタイミングのひとつに、子どもが生まれ

たとか動物を迎えたなどがあるようです。猫の腫瘍のなかでも発生率がいちばん高いといわれるリンパ腫という悪性腫瘍の発生原因のひとつにタバコが影響しているかもしれないという報告があります。そうなると愛猫家としては猫のためにタバコはやめてほしいところですね。

ノミやダニを駆除するくん煙剤

猫と暮らす家では使用頻度の高そうなくん煙剤もどこまで養生が必要かいつも悩むのでは。商品を扱う会社のHPでは「動物にも安心の成分でできている」と記載されています。一方で「煙や霧を直接吸い込んでしまうことがないよう、使用中には動物も一緒に外出するのがおすすめ」とも書かれています。つまり適切な方法で使用し、終了後に十分な換気をすることが前提ということでしょう。

実際にもし健康被害が動物に出ていれば、獣医師の間でも話題になっているはずですが、今のところそういった話は耳にしません。ただ、万が一うまく噴霧されず、部分的に濃い濃度で成分が残っていれば、それを猫が踏んで舐めてしまうことで高濃度に摂取するといったこともないとは言い切れません。私はお風呂場にカビが発生しないようにするくん煙剤を使います。猫が入らないようにしていても気にはなるので、使用後は十分に換気をして、シャワーで流しています。

出番の多い消臭スプレーや柔軟剤も同様に、直接かけたり高濃度に体に触れるようなことがないように避けるほうが賢明です。

猫も人も気をつけるに越したことはない化学物質 防水スプレーは要注意

猫に限らず人間も危険性が高いとされているのは防水スプレーです。中に含まれるフッ素樹脂やシリコン樹脂が肺に付き、呼吸困難を引き起こし、命を落とすことがあります。

いまどきの洗剤などは効果が高くても安全対策がきちんとされている製品がほとんどです。とはいえ、やはり化学物質。体への影響がよくわからないものは、猫に限らず人もできるかぎり慎重に付き合うことが肝要でしょう。

元気で食欲もありそうなのに食べてくれないとき、どうすればよい？

猫の好みは突然変わり唐突に飽きることも

猫の食欲低下は病気のサイン。何かの病気が潜んでいる可能性が高いので、食欲が落ちているようならすぐに病院へ行きましょう。

一方、食欲もありそうだし、おなか空いたアピールをするものの食べないというケースも。こちらも口腔内のトラブルなど病気の可能性がありますが、単に好みが変わったということもあります。においや形に飽きたり、何か心境の変化があったりするのか、昨日まで好きだったものに見向きもしなくなることは少なくありません。何とか食べてもらえる工夫をしたいところです。

病院に新しい子が入院してくると、その子の好みの食べ物などをスタッフと情報共有します。怖がりさんだから顔を見ないほうが食べてくれるとか、手差しで口元まで持っていかないと食べない甘えん坊さんだとか。好みもそれぞれなので、お皿にメーカーや味がちがうフードを数種類並べてみたり。盛りつけ方ひとつで食べてくれる量も変わります。まったく食べてくれなかったのに一口食べてくれたり、気に入ったごはんが見つかったりするととても安心します。

もし入院するようなときは、食べ慣れているごはんやおやつをぜひ持参してください。病院によってはNGなところもあるかもしれませんが食べることが大切。まずは相談してみましょう。

食器やカリカリのフレーバーを変えてみても
温めたりトッピングを加えたり

食べないときのアレンジいろいろ

●食器の高さや形を変える

ひげが当たると食欲がなくなることもあるようなので浅めで口が広い食器で。台などを置いて、座って食べやすい高さに。材質は、陶器やステンレスなど、傷がつきにくく清潔に保てるもの。

●ドライフードの味・形を変える

ドライフードの種類やフレーバー、三角形、円形、ドーナツ型など、形も変えてみる。

●レンジなどで温める

開封して冷蔵庫に入れていた缶詰やパウチは、レンジで10～30秒チンすると◎。温めるとにおいがするので、嗅覚を刺激して食べてくれることも。

●個包装タイプを使う

袋を開けたての新鮮なものが好きな子も。食欲のないときは、食べ切りサイズに個包装されたものを使うのもいいかも。

●トッピングする

かつおぶしや煮干しを粉末状にして、ドライフードやウェットフードにトッピングしたり出汁パックの煮汁を薄めてかけたりしても。塩分などの影響もあるので、出汁パックをドライフードの袋に入れて、香りだけをつけてみるのも◎

※人間の食べ物をトッピングに使うときは、獣医師に相談をしてから行ってください。

犬の鳴き声防止や猫よけグッズなど、超音波や高周波機器の影響は？

人間の健康被害にも

犬の鳴き声を防止するためや、家に侵入する野良猫による被害を軽減するために、超音波や高周波が出る機器を使用している人がいます。

ときどき庭先に超音波の猫よけ機が設置されているのを見かけます。猫が不快に感じる周波数らしいのですが、人の子どもやまれに大人にも聞こえるようで、敏感な人の場合は体調不良を訴えるケースもあるようです。

実際に外猫の糞尿で困って機器を設置したところ、効果があったという話を聞きました。ただそのあと、近所から耳障りで眠れないと苦情が来たそうです。

猫よけ機が実際のところどれくらい健康被害を及ぼしているかはデータがないのでわかりませんが、人でも不調を訴える人がいるくらいなので、猫にも何らかの影響があると考えたくなるのは自然な感情でしょう。病院に行っても原因がよくわからない猫の体調不良があるときは、もしかしたら家の周りで使用している人がいるのかもしれないと思ってしまう気持ちはわかります。ただ立証するのは難しく、こればかりは、原因究明がたいへん困難です。

はっきりしていないのに、うかつに問いただすことで関係性が壊れ、ご近所とのトラブルにも発展しかねません。相手からしてみたら謂れなきクレームでしかないかもしれないので気の毒です。

例えば、マンションなどの場合、管理組合などに相談したり、匿名での投稿という手段で全体に向けて告発することで、使用していたとしてもひっそり取りやめる人がいるかもしれません。悪意なく使用している人もいたでしょう。

行政機関に相談してみるのもよいかもしれませんが、因果関係がわかっていないぶん、動いてもらうのは難しいかもしれませんね。

まずは猫さんの回復を最優先に獣医師に相談し、体調改善に努めましょう。

ちなみに私は、犬の鳴き声防止用機器などの使用は犬のためにもおすすめしません。防音カーテンなどのアイテムや、しつけ教室での解決を検討してほしいですね。

健康被害と機器の因果関係の立証は困難 まずは病院で猫さんの体調改善を相談して

PART

3

医療のこと

進化を続ける
動物医療。
10年前とは
いろいろ変わって
いるようだけれど、
どう変わって
何ができるように
なったの？
私たちは猫のために
何ができるの？
動物医療の現在地を
教えてもらいました。

健康診断は、どんな検査を どのくらいの頻度で受ければよい？

7歳までは年に1回 その後は半年に1回

猫に限らずほとんどの病気は早期発見・早期治療が理想です。早く見つけることで治療の選択肢が広がり、治る確率も上がります。治療も軽く済み、費用を抑えることにもなります。そのためにも定期的な健康診断を行いたいですね。

　猫さんの場合、動物病院が苦手で何か異変があったときにしか病院に行かない子が多いようです。元気なときにわざわざ採血をしたりレントゲンを撮ったりと、猫にしてみればおそらく不愉快な思いをさせるのはしのびないという飼い主さんも多いでしょう。

　それでも年に一度、そして病気になりやすくなる7、8歳になったら半年に一度のペースで基本的な健診を受けることをおすすめします。

　おもな検査項目は身体検査、血液検査、尿検査ですが、できればレントゲン検査、超音波検査までやっておくと病気の早期発見の可能性が高くなります。

身体検査

　基本的な検査として、体重と体温の測定、獣医師による視診や触診、聴診で全身の状態を調べます。歯や歯肉をはじめ口の中に異常がないか調べたり、直接体に触れて腫れやしこりがないか、関節や骨、おなかなどの異常がないかを診断します。聴診では聴診器を当てて心臓、肺、腸の音を確認します。

定期的な健康診断で
健康の礎である早期発見・早期治療を

血液検査

血液検査には検査項目のちがいによっていくつか種類があり、院内の検査機器で行う場合と外部の専門の検査機関に血液を送り、後日検査結果が送られてくる場合があります。院内で行えば結果はすぐに出ますが外部に出す場合は1～2週間かかります。特殊な検査の場合は、さらに日数がかかる場合もあります。

健康診断で行う血液検査の基本項目は、健康であればCBCと生化学検査です。

CBCとは、血液の中の成分（赤血球や白血球、血小板など）の数や、ヘモグロビン濃度、ヘマトクリットなどを測定する検査。貧血や感染症、血液疾患の有無を検査します。

生化学検査は、肝臓病や腎臓病、糖尿病など、内臓の異常の有無の検査です。

猫に多い腎臓病の指標となるBUN（尿素窒素）、Cre（クレアチニン）や、糖尿病の指標となる血糖値などを測定できます。それぞれ参考基準範囲があり、その中に収まっていれば問題なし、超えたり下回ったりしていたら何らかの問題を抱えている可能性があります。

そのほかの血液検査として、最近は腎臓病を早期発見できるSDMAを受けさせる人も増えました。腎機能が25～40％低下した状態で数値が上昇してくるので、

これまで腎臓病の指標だったCreより平均で17か月も早い段階で腎機能の低下に気づくことができます。早期発見することで進行を遅らせることができるので、たいへん注目されている検査項目です。

また8歳以上の高齢猫では甲状腺ホルモンであるT4の測定を追加したいところ。甲状腺機能亢進症の初期症状は、高齢にもかかわらず活発で食欲も増し、一見元気そうに見えるため気づかれにくいのです。特に夜鳴きをしたり、攻撃的になったり、行動変化も特徴的です。症状が進行していると高血圧の状態のこともあるので、興奮させないようにしてあげる必要もあります。

レントゲン検査

外からはわからない胃や肺、心臓、腎臓、膀胱などの状態や骨の異常が確認できます。腎臓や膀胱などに結石があるときも、レントゲンに写ります。

食欲もあって元気な10か月齢くらいの猫が、たまたま避妊手術をするときにレントゲンで撮影したら、横隔膜ヘルニアが見つかったというケースもありました。生活上は問題がないように見えても、保護猫だった場合など外にいる間に交通事故などがあっても把握されていないケースがあります。

尿検査

尿を検査することで猫に多い尿路結石（結晶）や尿路細菌感染、また腎臓病や糖尿病などを見つけられます。

顕微鏡で、細菌や結晶などの有無を観察したり、試験紙を使って、潜血や尿pH、尿糖、尿比重などを測定したりします。猫は自宅での採尿が難しい場合が多いので、直接膀胱に針で刺して採尿する膀胱穿刺（せんし）の処置や、男の子ならカテーテルを使った導尿など、病院で採尿することができます。

超音波検査（エコー）

おなかの中に腫瘍などがないかどうか、心臓に問題がないかどうか、レントゲンではわからないような結石の有無や、そのほか各臓器の状態がわかります。

食欲があるので肥満で太っているだけだと思っていたら、超音波検査で悪性の腫瘍が見つかることもあります。最近寝ていることが増えたということで検査すると、意外にも心臓に異常が見つかったということもあります。

特に猫の場合、突然血栓が血管に詰まって、激しい痛みや後ろ足が立たなくなるといった症状（動脈血栓塞栓症）があります。事前の検査で、その原因となる肥大型心筋症という心臓の病気が見つかっていれば、そんな辛い思いをさせる前に対処ができるかもしれませんね。

早期発見・早期治療で猫も飼い主も安心

猫は病気を隠すのが上手な生き物です。不調が表に出るのはすでにかなり進行しているケースも少なくありません。100ページからの救急病院の項にもありますが、猫さんの病気を把握していない飼い主さんは意外と多いといいます。「うちの子は病気ひとつしないから健康」という方もいますが本当にそうなら素晴らしいこと。でもじつはさまざまな問題が潜んでいることがないとは言えません。ある日突然重い症状が出て猫さんが苦しい思いをするのは辛いですよね。でも実際は突然ではないのです。気づいてあげられなかった自分を責める飼い主さんもいます。

健康診断ですべての病気を発見するのは難しいものの、定期的に行うことで早期発見の可能性は上がります。最近は「にゃんドック」のようなプランを準備している病院も増えました。

猫さんとしてはストレスかもしれませんが待ち時間を含めても半日程度。大きな病気になって手術をしたり入院したりすることに比べればずっとよいですよね。料金的にはやはり病院によって開きはあるもの、概（おおむ）ね1万円～3万円ほどのようです。高度な検査や治療費を考えればとてもお得だし、何より猫さんの健康管理ができる安心感は何にも代え難いのでは。

年齢別
受けたほうがよい検査

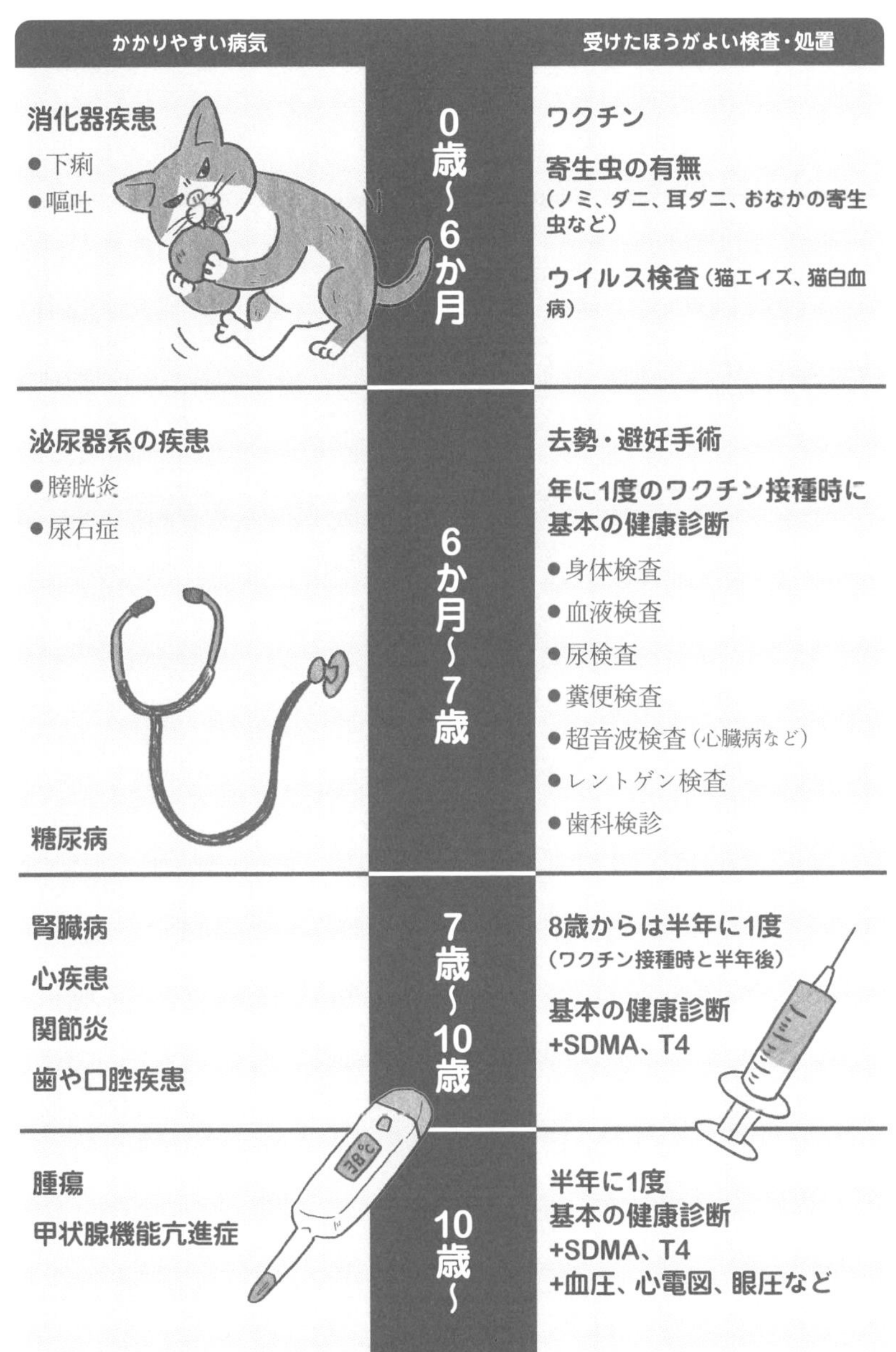

かかりやすい病気		受けたほうがよい検査・処置
消化器疾患 ●下痢 ●嘔吐	0歳〜6か月	**ワクチン** **寄生虫の有無** （ノミ、ダニ、耳ダニ、おなかの寄生虫など） **ウイルス検査**（猫エイズ、猫白血病）
泌尿器系の疾患 ●膀胱炎 ●尿石症 **糖尿病**	6か月〜7歳	**去勢・避妊手術** **年に1度のワクチン接種時に基本の健康診断** ●身体検査 ●血液検査 ●尿検査 ●糞便検査 ●超音波検査（心臓病など） ●レントゲン検査 ●歯科検診
腎臓病 **心疾患** **関節炎** **歯や口腔疾患**	7歳〜10歳	**8歳からは半年に1度** （ワクチン接種時と半年後） **基本の健康診断** **+SDMA、T4**
腫瘍 **甲状腺機能亢進症**	10歳〜	**半年に1度** **基本の健康診断** **+SDMA、T4** **+血圧、心電図、眼圧など**

安楽死の提案は、獣医師の判断？それとも明確な規定がある？

日本獣医師会の指針を基準に獣医師が判断

「安楽死」とは死期が迫った人や動物を苦痛の少ない方法で死なせること。人間の安楽死が認められていない日本では動物が対象となります。

動物と暮らす人にとってはショッキングな響きですよね。でもその判断を迫られる可能性は決してゼロではありません。犬や猫の安楽死には日本では明確な規定がなく、獣医師は公益社団法人日本獣医師会が出している「小動物医療の指針（下）」を目安にしているところも。詳しく言うと、次のような内容がひとつ以上認められる場合、安楽死を考えることがあります。

●治療を行っても治る見込みがない難しい状態のとき

●痛みが続き、薬などでコントロールできないとき

●肺や心臓が悪く、呼吸が十分に

診療対象動物が治癒の見込みがなく、しかも苦痛を伴っている、あるいは重度の運動障害、機能障害に陥っているなど、安楽死させることが動物福祉上適当であると見なされる場合には、獣医師は飼育者と十分に協議したうえで、飼育者自身の意志決定のもとに当該動物を安楽死させることは、許容される。
一方、その他の理由で安楽死を余儀なくされる場合もあり得るが、いずれにしても、安楽死は、最終的な選択肢として、飼育者と獣医師が十分に協議して決定すべき重要な問題である。

出典：公益社団法人日本獣医師会HP「小動物医療の指針」

できず痛みや苦しみが伴うとき
●自分の意思で自由に動いたり食べたりできないとき
●寝たきりになり、ほぼ意思疎通が難しいとき

とはいえ、こうした症状が見られたとしても、家族から安楽死を提案するのは辛いことですよね。だからこそ獣医師から提案することが必要なのですが、獣医師でも判断は簡単ではありません。

病院によって院内で一定の基準を設けていたり、獣医師が多数勤務している病院であれば、ほかの先生と話し合ったりしながら、動物のQOL（生活の質）を第一に考えて慎重に判断します。それでも迷うことはあるし、タイミングによってはその提案がご家族を傷つけることもあり、どうしても言えない（言わない）獣医師もいます。それくらい動物の安楽死は難しい提案なのです。

獣医師から「安楽死」という言葉が出た場合、無条件に拒絶したくなるかもしれませんが、決して安易に提案したわけではないということ、感情が優先しがちな家族に代わり、動物の状態などを冷静に考えたうえでの判断だということを知っておいてほしいと思います。そのうえで飼い主として、動物にとってよい決断をしていただきたいですね。

判断も選択も辛い安楽死
目的は動物を苦しみから解放すること

診察のときの保定、どうしても気になる もう少し負担の少ない方法はない？

安全・迅速に治療する最良の方法

保定とは、動物に治療や処置をする際、安全に行うために動かないよう支えること。というと穏やかですが、猫たちは何をされるか理解できず、恐怖心から暴れたり噛みついてきたりする子もいるので、抑えつけているように見えるかもしれません。その姿に心を痛める飼い主さんは少なくないのです。

猫だって逃げたくなるし、緊張して怖さが増せば抵抗したくなるのは当然ですね。自宅ではおとなしく落ち着いた子でも、想像を超えた身体能力で逃げ出す子もいて、病院内で逃走し捕獲するのに苦労することも。

何より治療や処置がきちんとできないのは悩みどころです。

猫さんに負担がない押さえ方を学んでいる

保定って簡単なようですが、高度な技術が必要です。見た目では強く力が入っているように見えても、猫に負担がないようにポイントだけを押さえています。状況に応じて、エリザベスカラーやバスタオル、洗濯ネット、猫がすっぽり入る猫袋や革の手袋など、さまざまなグッズを使うこともあると思います。

どの猫でも同じでよいわけではなく、猫の性格によっても押さえ方は変わります。力加減や保定の仕方にはある程度コツがあるので、スタッフによって上手な人、苦手な人はいるかもしれません。

なるべく短時間で済ませられるように、スタッフは学校や病院で動物の様子や動きをよく観察して保定するように教育されています。

気になる気持ちはよくわかるのですが、どうか猫さんのためと理解してください。

また近年は、ブレやズレを防ぐために全身麻酔を使用するCTスキャンの際、面ファスナーを使った保定器具などを用いることで、無麻酔での検査を可能にした施設も出てきました。

動物の保定は正確な検査や必要な処置のために欠かせません。だからこそ病院ごとに工夫したり、アイテムなどが少しずつ進化したりしているのです。


見た目の印象より猫さんの負担は少ない 早く安全に終わるのがいちばん

爪切りや投薬のとき、家でできる簡単な保定

老猫が便秘がちです どんな解決方法がありますか

まずは病院での処置と自宅でのケア

軽度であれば、猫にも負担が少なく簡単な処置で済みますが、頑固な便秘のときは、血液検査やレントゲンなどで全身状態を確認してから、必要な処置をします。便秘のときに行う処置の代表的なものは、用手摘便といって直接肛門に指を入れて便を掻き出す方法と、浣腸といって肛門から腸内にカテーテルなどで液体を入れて、排便を促す方法があります。

摘便は硬くなった便を指で取り出すのですが、腸内を傷つける可能性もあるので、動物病院で行ってもらうのが適切でしょう。

浣腸は、摘便より猫への負担は少なくて済みますが、緊張していると反応が悪くて便が出ないこともあります。また、排便のタイミングも帰宅途中のケージの中や、部屋で歩きながらということもあり、猫が汚れたり家中便のにおいで大変になることもあります。便秘の状態や猫の性格によっては、麻酔や鎮静剤などを使って安全に行う必要があります。

治療は、消化管機能改善薬や下剤などを使います。病院で処方される下剤には錠剤やシロップなど種類があるので、猫さんの性格や体質をふまえながら獣医師と検討していくのがよいですね。

自宅で水を多く飲めるような環境を整え、ドライフードを水でふやかしたものや、食物繊維の多いごはんや乳酸菌製剤などを与えて

も。酸化マグネシウムやサイリウム（オオバコの粉末）などをごはんに混ぜたり、白色ワセリンを少量あげたり、オリーブオイルを舐めさせたりなど、嫌がらない方法を試してみるとよいでしょう。

慢性化すると重い病気につながることも

便秘は詰まって苦しいだけでなく、長期的に慢性化すると「巨大結腸症」という怖い病気につながります。巨大結腸症は、便秘によって結腸が長く伸びて広がってしまい、便を送れなくなり溜めてしまう病気です。

高齢になると消化機能や筋力も衰え、ますます排便が難しくなります。悪化すると死に至ることもあるので、便秘といってもあなどれません。便の回数が減ってきたり、便が小さい、またトイレに長い時間座っているなどの症状があるときは、様子を見すぎずに病院へ連れていってください。

食物繊維の多いフード～下剤～浣腸～摘便
あなどれない便秘は適切な対応を

腫瘍科、歯科といった病院がありますがそういう病院に行ったほうがよい？

所属する学会や団体で確認できる

最近は一次診療の動物病院でも「がん科」「歯科」「皮膚科」といったニュアンスの病院が見られるようになりました。

愛猫ががんと診断されたり、歯周病がひどくなったりすると、専門医に診てほしいと思う気持ちになるのは理解できます。人間の医療の場合、専門科はとても重要ですから、同じ感覚になるのかもしれませんが、動物医療の場合は専門医の定義は異なります。専門科名を出している動物病院は、その分野で論文発表をした実績があるとか、症例数が多いといった経歴、専門的な学術研修を受けている獣医師がいる場合が多く、さらに常時在籍しているわけではなく、外部から専門の獣医師を招いて、定期的に診察日を設けている場合もあるようです。

病院HPの獣医師のプロフィール欄に、「○○学会所属」「○○協会所属」といった記載がある先生は、特定の分野を専門に勉強する学会や団体に所属しているということです。あくまでも関心が高い分野を勉強しているということになります。そのうえでどれくらい習熟しているかは個人差があります。

各学会の規定をクリアすれば「認定医」に

学会は日本獣医がん学会、日本獣医循環器学会、比較眼科学会、

専門医・認定医の定義が難しい動物医療
セカンドオピニオンとして検討しても

日本獣医皮膚科学会など、多数あり、大学卒業後もその分野で研修を積んでいるということを証明するものとして、学会で決められた条件や認定医試験をパスした獣医師は「認定医」と記載されています。内科医、外科医、総合臨床医なども認定医のひとつですね。

一方、「専門医」となると、日本ではまだ制度が確立していないため、おもに海外の専門医認定試験をパスした獣医師をさします。海外で専門的な研修を数年間経験し、高い水準の知識・技術を備えた獣医師です。日本ではまだ数えるほどしか存在せず、おもに指導的な立場で活躍しています。

そうした専門医、あるいは認定医の多くは大学病院や二次診療施設に在籍しているので、診てほしい場合には、セカンドオピニオンとしてかかりつけ医の紹介状が必要になります。その際、かかりつけ医に相談してみてもよいでしょう。愛猫の状態をよくわかっている担当医として、その施設や認定医にセカンドオピニオンで診てもらう必要性の有無や参考になる意見がもらえるとよいですね。

全身麻酔、局所麻酔、鎮静はどうちがう？ それぞれのメリット・デメリットは？

体にも心にも負担をかけず治療を施すための麻酔

手術や処置などで麻酔をかける理由はふたつ。まず処置中に動かないようにする（不動化）ため。人間はお願いすれば、動かないようにしてくれますが、猫には通用しません。動けば検査は長引き、猫のストレスが増えます。麻酔による不動化によって安心して処置ができます。

ふたつめは、動物が痛みを感じない状態でいてくれること。痛みは精神的にも肉体的にもストレスがかかるので、極力痛みを感じない方法として麻酔を行います。

麻酔は全身麻酔、局所麻酔に分かれ、さらに似たような効果を得られる鎮静という処置があります。

全身麻酔は、不動化ができて術中の痛みも感じません。長時間の手術やCT、MRIなどの検査を安定的に行うことができます。ただし、心臓や肺の機能に負担をかけるので、高齢や重篤な病態の動物にはリスクが高くなります。全身麻酔を行う場合は事前に血液検査などで腎機能や肝機能などを確認し大丈夫だと判断してから手術を行うことが通例です。

局所麻酔は、落ち着かせることや痛みを防ぐことはできても不動化はできません。小さな良性腫瘍を取る際、部分的に数針縫うだけなど、多少動いても問題ない範囲の処置等に行われます。動物が比較的おとなしい性格であることや、手術部位などを考えて選択されま

す。局所麻酔で行う予定でいても予想外に動いてしまう場合などは、全身麻酔のほうが安全に処置できるので、途中で切り替えることもあります。

鎮静は、尿カテーテルを設置するようなときや、長毛猫種の重度な毛玉取りなどでも使われます。低用量の鎮静薬を用いて苦痛や不安感を取り除くことで安全に処置を行い、猫の負担を減らしてあげる方法です。極度の怖がりで暴れてしまうような場合に検査や処置ができないときに使用します。特に猫は恐怖心からパニックになることもあり、無理に行うことで怖い記憶が強化されたり、怪我をしてしまうリスクがあります。

全身麻酔＝リスクが高いと、躊躇する飼い主さんは少なくありません。ただ、全身麻酔を行う場合は、心電図や血圧などモニターをとりながら行い、細心の注意を払って行います。また、麻酔薬も格段に進化しているので、デメリットよりメリットを重視してほしいところです。不安な点は主治医にとことん確認し、納得してから猫にベストな選択をしてほしいですね。

痛みや恐怖心なく、検査や処置を安全に行う全身麻酔
事前の血液検査とモニターでリスクも最小限に

漢方やサプリ、どのくらい期待できる？うまい使い方は？

エビデンスがほとんどない漢方やサプリメント

漢方薬やサプリメントに関しての効果はデータが少ないので獣医師の立場としては、明確に言えないというのが正直なところ。

漢方薬を使う場合、1回の投与量が多かったり、においが強かったりして猫に与え続けることが難しいことから報告が少ないようです。また、漢方薬に詳しい獣医の先生が少ないこともあります。

膀胱炎や尿石症の猫の症例で利尿作用を期待して処方しているという先生に話を聞いたところ、再発していないから効果があるのかもしれないけれど、ごはんや薬なども併用していて、ほかの要因も考えられるから何とも言えないとのことでした。

効果・効能を表示できないサプリメント

サプリメントは医薬品ではないので、具体的な効果・効能に関す

る表示をしてはいけないことになっています。そもそも科学的根拠が証明されていないものを積極的に治療としては使えません。実際に、まったく使っていないという先生もいます。扱っていない動物病院でも、あくまでも補助的に用いている程度です。実際に使用している飼い主さんの印象や動物の様子から、経験的に用いている先生も少なくないでしょう。

まぁまぁ悪くない、くらいの気持ちで試してみても

ただ、口腔内ケアや関節系などのサプリメントの中には一定の効果が期待でき、病院によっては推奨しているものもあるので、扱っているか聞いてみるのもよいでしょう。効果ははっきり言ってくれないかもしれませんが、漢方薬でもサプリメントでも動物病院で扱っているものは、多くの飼い主さんに支持されて生き残っているということ。動物用のサプリメントは常に膨大な数の製品が発売されていますが、効果が見られないものはすぐに市場からなくなります。動物病院などで長く使われているものは、何らかの（としか言えないのですが）改善を感じる人が一定数いると判断できますよね。ネットなどの広告や口コミよりは信頼性が高いといえるのではないでしょうか。まずは試してみるくらいの気持ちで、ほかの治療と併せて使ってみるのはいいでしょう。

漢方もサプリも信頼性が高いのは動物病院で長く使われている製品

動物と人の間でうつる病気にはどんなものがある？

人の配慮で回避できる

2022年、人から猫への新型コロナウイルス感染のニュースが話題になりました。これが逆だったら多くの飼い主による飼育放棄が起きていたかもしれません。

猫を介して人に感染する代表的な病気を左の表に記しました。室内飼いを徹底し、人も猫も清潔な暮らしを心がけていれば予防できるものがほとんどで人間側の配慮で回避できるのです。

まれに基礎疾患などにより免疫機能が落ちている人が重症化するケースや、妊婦さんや胎児に影響を及ぼす可能性のある先天性トキソプラズマ症などがありますが、これらは事前に想定できることなので、猫と暮らすことを決める前に考えておきたいことですよね。違和感や不安があったらまず人間が病院へ行き、適切な処置を心がけましょう。

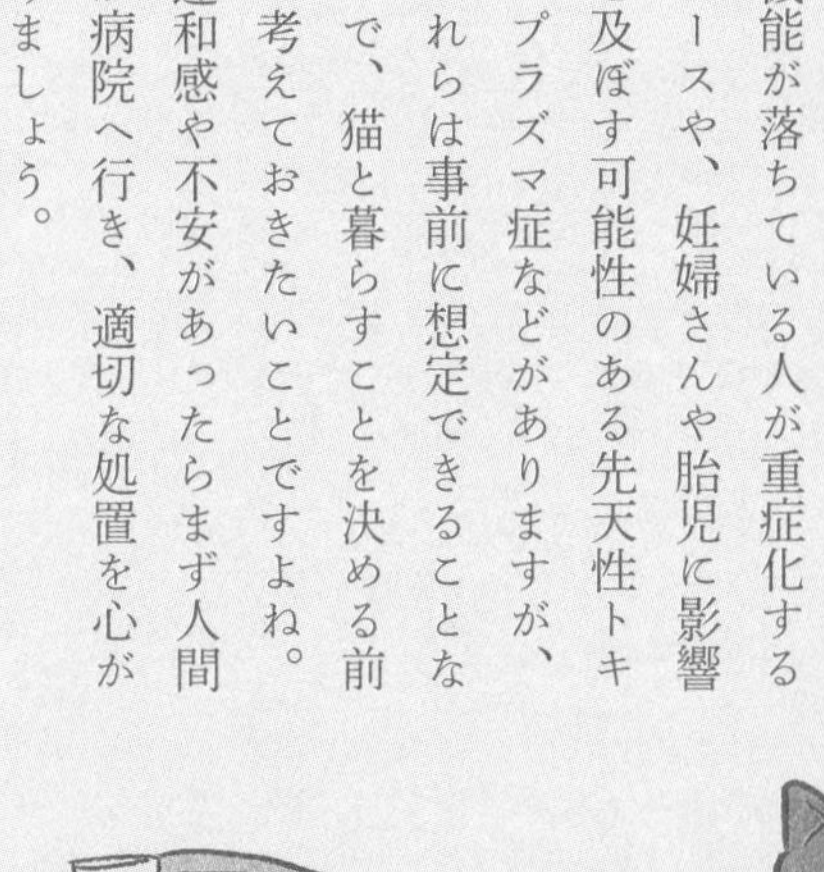

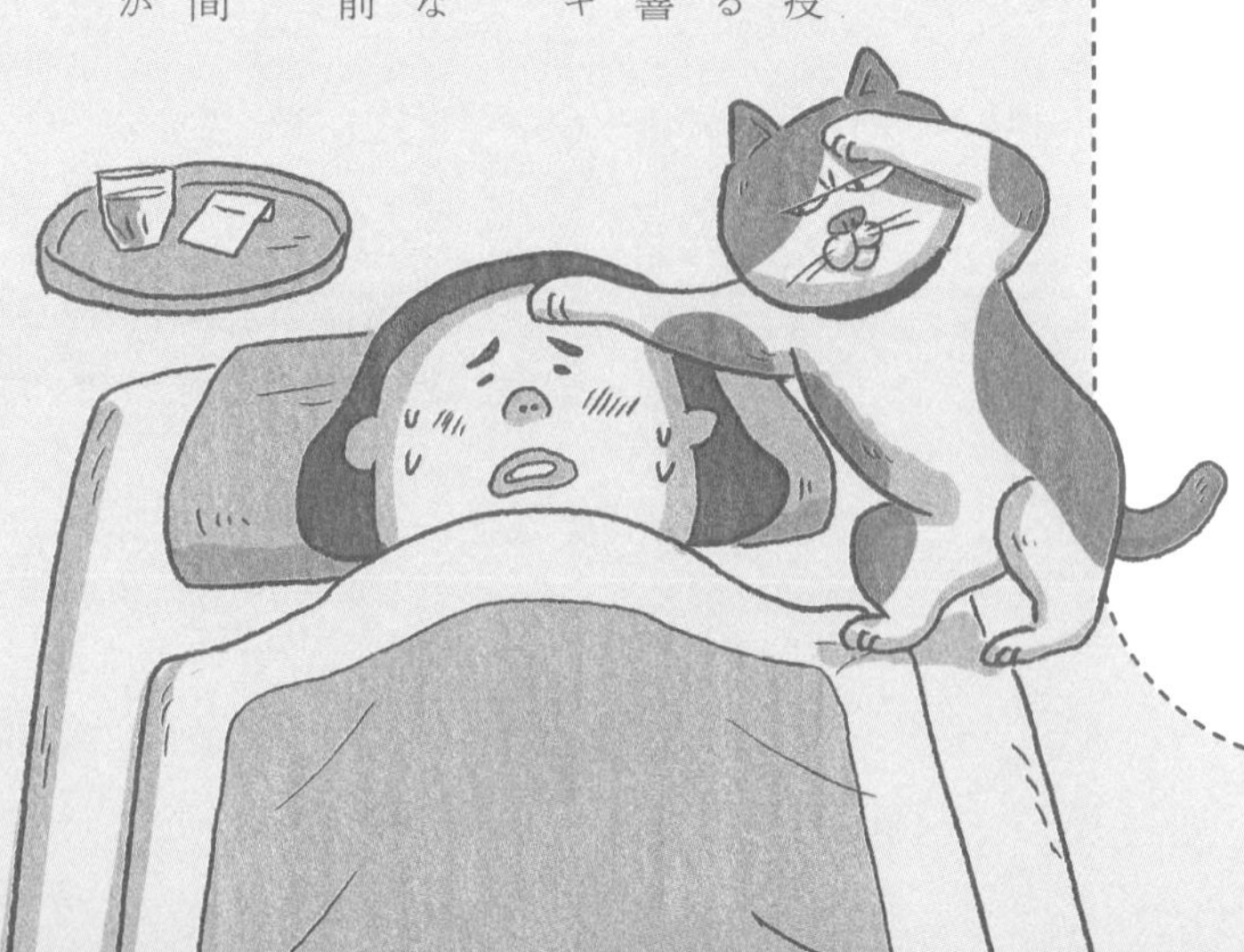

何かあっても猫のせいにしないで
適切な飼育環境、予防で飼い主が防ごう

猫と人の間でうつる病気

ほとんどの感染は猫の室内飼育を徹底し、きちんと世話をしていれば予防できます。外に出ると思いがけない喧嘩に巻きこまれたり、虫に刺されたりするおそれもあります。屋内でも排泄物はすぐに処理し、過度なスキンシップは避けるなど、適切な飼育を心がけましょう。

● 皮膚糸状菌症

糸状菌とはカビの一種で皮膚真菌症、白癬ともいわれます。免疫力が低下したシニア猫や栄養状態がよくない子猫は感染・発病のおそれがあります。フケや脱毛が見られたら疑ったほうがよいでしょう。一般的には人が接触しても免疫バリアによって守られるのですぐに感染・発症するわけではありません。ただ、子どもやお年寄り、免疫力の低下した人への感染は注意が必要。猫に触れたらよく手洗いをしましょう。感染すると皮膚に赤いリング状の発疹ができ、かゆみが出ます。皮膚科で受診し、抗真菌薬の軟膏や内服薬などの治療を行うことで改善します。

● 猫ひっかき病

猫にひっかかれたり噛まれたりしたときに発症することがあります。健康な猫でも口の中にはバルトネラ菌という細菌がいる場合があり、この菌による炎症です。バルトネラ菌はノミを介して猫に感染するのでまずは駆虫薬などでノミの駆除を行うのが◎。猫の爪は定期的に切るようにしましょう。ひっかかれたり噛まれたりした場合は傷口を除菌石けんなどで洗い、消毒を。軽度の場合は自然治癒しますが、傷の痛みが続く場合は皮膚科などの病院で相談してください。抗菌薬などで改善します。

● パスツレラ症

パスツレラ菌は猫のほぼ100%が口腔内常在菌として持っている病原体です。犬や猫が感染してもほとんど症状を起こしませんが、人の場合、感染した犬や猫に噛まれたり、ひっかかれたり、ペットに口移しで食べ物を与えるなど、過剰なスキンシップによって感染することも。傷口の化膿や、呼吸器系の症状（風邪のような症状～肺炎）が見られたりします。噛まれた場合はまず水で洗って消毒し、発熱や痛みがある場合は内科・皮膚科などで受診しましょう。抗菌薬での治療で概ね1週間ほどで改善に向かいます。免疫機能が低下している人の場合、重症化することもあるので注意が必要。医療機関で適切な診断・治療を。

● SFTS：重症熱性血小板減少症候群

SFTSウイルスによる感染症です。発熱、腹痛、嘔吐、下痢などが起こります。人への感染経路はおもにマダニですが、マダニに噛まれた猫を介した感染例も報告されています。人の致死率は10～30%というデータもあるため、注意した方がよいでしょう。有効な治療法は確立されていないため、予防が重要。人の場合のマダニ対策は自然の豊かな場所へ行くときは肌の露出を控えることです。猫の場合は室内飼いを徹底し、マダニ対応の駆虫剤などで予防できます。

● トキソプラズマ症

トキソプラズマとよばれる寄生虫によって起こる感染症。風邪に似た症状で自然回復する場合がほとんどです。人の場合は、加熱が不十分な肉類を食べることで感染します。猫から人への感染は、感染した猫の便に汚染された水や食べ物を口にするなど、そう多い状況とは考えられません。猫同士の感染の場合も感染した猫の便やネズミなどの小動物を介してなので、室内飼いを徹底し、ネズミなどを食べたりする環境の猫とむやみに触れ合わないようにすることで予防できます。万一猫が感染した場合、便の中に虫卵が排泄されていることがあります。この虫卵が感染性を持つまでは（排泄後）24時間以上かかるため、手袋をして24時間以内のトイレ掃除を徹底すれば、ほぼ問題ないでしょう。それでも心配なときは、猫が使う食器やトイレなどを煮沸消毒することで、虫卵の感染性を失わせることができます。妊娠中に感染すると、先天性トキソプラズマ症を発症することがあります。多くは無症状で問題がないものの、妊娠時期によっても症状がちがうので、違和感のある場合は医師に相談を。産婦人科でトキソプラズマの抗体検査を受けることが可能です。

最新の動物医療ってどこまで進んでいるの？

日進月歩で進んでいる動物医療

「猫（動物）は家族」——今や当たり前の感覚として、猫と暮らす人たちに浸透していますよね。食事や生活環境に気をくばり、日々の喜怒哀楽や時間をともに楽しむ相手、やはり大切な家族です。

同時に命あるものとして、しかも人間より速い速度で歳を重ねる彼らの多くは私たちよりも先に旅立ってしまいます。猫を看取ると

機器の進化、薬の開発、技術の進歩 飼い主の思いが発展を促した動物医療

いうのは家族として最後にできる愛情表現なのかもしれません。

ひと昔前は歳をとった猫が少しずつ元気をなくし、そのまま亡くなるというのは自然に受け入れられていました。老衰で天寿を全うしたと、悲しみながらも穏やかに悼むことで終えていたという人がほとんどではないでしょうか。

でも今は変わりました。ミニチュアダックスフンドやチワワといった小型犬の人気から始まった第二次ペットブームのなか、2010年代に入ると空前の猫ブームも始まりました。ブームはビジネスにつながり、よいことも悪いことも生みます。悪いことはさておき、よいことの筆頭が「医療の進歩」ではないでしょうか。

昔だったら天命とあきらめるしかなかったさまざまな病気もここ数年ほどで回復や緩和につながる多彩な処置や治療の選択肢が増えました。また2023年から「愛玩動物看護師」の国家試験がスタート。資格を取得したスタッフは治療や健康管理の幅広いサポートができるようになります。こうした背景にも動物医療への期待があるのでしょう。

飼い主の思いが薬・機器・技術の進化へ

慢性腎不全や猫伝染性腹膜炎（FIP）といったこれまで不治の病とされていた病気に効果が期待できる新しい薬は、常に研究・開発され、すでに治験が進んでいるものもあります。

新たながん治療として「がん免疫細胞療法」も注目されています。

掲載内容は2023年2月現在の情報に基づいています。

治療だけでなく、検査機器・技術の進歩により、病気の確定も広い範囲でできるようになりました。

そして、獣医師の意識や志も変化しました。大切な家族の一員である猫や犬、そのほかの動物たちが病気になったとき、何とか助けてほしい、できることは何でもしたい、そういった飼い主の思いと日々向き合うなかで、常に情報収集や勉強をし、研鑽を積む獣医師が増えたことにより、動物医療は年々進化しているのです。

もちろんまだまだ治らない病気も多く、治療がすべて成功するわけではないので、同時に、命を助けることはできなくても痛みや苦しみを軽減する緩和ケアの研究も進んでいます。

動物専用機器が登場しより精度の高い検査が可能に

動物医療も人間と同じく、機器・薬・技術（術式や療法）によって成り立っています。

これまで肺水腫などを起こした場合、酸素室で肺機能の回復を待つしかなかったケースでも、人工呼吸器を活用することで助かる命が増えました。

どんな症状であれ、病態や原因がわかっていないと治療を施すことはできません。ひと昔前まではレントゲン装置や超音波診断装置（エコー）を用いて診断し、試験開腹手術を行うケースが主流でしたが、今ではレントゲンやエコーで診断がつかない場合はＭＲＩやＣＴなどの検査機器を用いて試験開腹せずに画像で病巣を見つけることができるようになりました。

とはいえ1台が数千万円から数億円する医療機器の導入は簡単ではなく、町の動物病院で導入しているところは少ないため、大半は大学病院や民間の二次診療施設で受けることになります。最近は都市部に画像診断専門の病院なども登場し、個人病院から紹介された飼い主さんなどが訪れています。

てんかんや麻痺といった症状の子がＭＲＩによって脳や脊髄の病気だと特定できたり、ＣＴスキャンによって腫瘍の有無、大きさ、位置などが特定されることで治療方針や手術プランを考えることができます。

元気で食欲もあるけれど、血液検査で貧血気味と診断された子がCTスキャンによって甲状腺のがんと判明されたり、のどが腫れて飲み込みづらそうにしていた子が扁平上皮がんだとわかったりと、精度の高い検査ができるようになりました。最近は専用心電図と同期することにより、心臓の動きで生じるブレをなくした画像を撮ることができるCTや、AIがノイズを除去するMRIなども登場しています。本来はともに全身麻酔が必要ですが、専用の保定具を装着することで無麻酔CT検査ができる画像診断施設もあります。また機器だけではなく、最近では国内外の認定医制度が存在し、熟練した画像診断の獣医師が検査にあたるため診断の精度も年々向上しています。MRIやCTは通常のレントゲンに比べて費用が高くなりますがメスを入れることなく病気の有無や原因を高い確率で特定でき、その後の治療方針を決められることを考えれば受けてみる価値があるのではないでしょうか。

腎臓病の特効薬として期待される「AIM」

動物医療の進化で重要なファクターのひとつが薬です。なかでも現在もっとも注目されているのが、腎臓病の治療薬として臨床試験が行われている「AIM（エーアイエム）」でしょう。

AIMは東京大学で人間用の薬を開発していた宮崎徹先生が発見し、猫の腎臓病への治療効果が期待できるということから認可に向けて研究を続けている薬です。

臨床試験を前にした2021年、新型コロナウイルス感染拡大による資金難で研究が中断となり、そのことがネットニュースになると、募ったわけでもないのに全国の愛猫家から総額3億円という莫大な寄付が寄せられたことで話題になりました。つまりそれだけ猫の腎臓病治療薬が切望されている証といえますね。この事実は業界を動かし、「AIM医学研究所」が設立され、企業の協力のもと宮崎先生のチームが認可へ向けた臨床試験を進めているところです。完成したら猫の腎臓病治療の大きな福音となることでしょう。獣医業界でも高く注目されています。

FIPが寛解する？アメリカで開発されたGS―441524

不治の病としては猫コロナウイルスを原因とする猫伝染性腹膜炎、通称FIPもあります。猫コロナウイルスは多くの猫が持っているのですが、突然変異を起こすと体に強い炎症を起こして一気に進行し、死に至る病です。有効な治療法がなく、発症してから亡くなるまでは約9日と言われるとても恐ろしい病気です。特に子猫の発症が多いのも特徴で、これまで多くの飼い主さんが幼い命との別れに涙する姿を見てきました。獣医師や研究者がさまざまな治療を試したり研究したりしてきましたが有効な治療法、薬は見つかりませんでした。

そんななか、アメリカで有効とされるGS―441524という新薬が発表されました。FIPを発症した猫の8割が改善に至った（寛解した）という結果が出たのです。動物医療業界で大きな話題となったのはもちろん、世界中の愛猫家の期待も高まりました。日本では未承認ですが、治療目的で獣医師が輸入するのは特例で認められています。実際に使用して効果があった事例が日本国内でもあるため、急速にこの薬の情報が広まりました。一方、飼い主さん自身が輸入して動物病院へ治療を依頼するケースもあるようですが、購入先によっては商品自体の品質もわからず、まったく成分がちがうものを高額で買わされてしまうといったこともあるので十分な注意が必要です。

さらに最近では人の新型コロナウイルス感染症（COVID—19）の治療薬として認可されている「モルヌピラビル」という抗ウイルス薬が、FIP治療薬として期待されています。GS—441524よりも低価格で手に入り、何より認可されているため獣医師も使いやすい薬です。ただ、治療効果が上がるプログラムがまだ明確になっていないようなので、これからの臨床現場からの報告に期待したいですね。

腫瘍（がん）の3大治療

「がん」は猫に限らず耳にするだけでダメージをもたらす病名ですね。あらゆる病気は早期発見・早期治療が理想なのですが、猫のがんの場合、人間とちがって早期の発見がたいへん難しいのです。食欲がない、元気がない、できものができた……いつもとちがう様子を感じて動物病院へ連れていき、検査の結果が「腫瘍（がん）」と言われるのは辛いもの。その段階ですでに進行している場合が多いのです。

おもな治療として外科手術、抗がん剤治療、放射線治療があります。

メスを使う外科手術は悪い腫瘍を切り取る根治手術や、痛みを抑えたり進行を遅らせたりと症状を緩和する姑息手術があります。転移したり、部位によっては完治が難しい場合もありますが、一度で完治する可能性も。

抗がん剤治療は、注射や点滴で抗がん剤を体内に入れてがん細胞を殺す方法です。今、もっとも受けられているがん治療ではないでしょうか。「殺す」という言葉の印象通り、たいへん強い薬なので副作用が大きく、体力の低下や、薬によって合う合わないがあるなど効果が限定的なことがデメリット。ただ、体にメスを入れたり麻酔をしたりする必要がなく、短時間で済むため猫さんのストレスが少ないのはメリットでしょう。

強いX線を照射してがん細胞を焼き殺す放射線治療は、設備が整った大学病院などでしか受けられないことや高額なことなどもあり、選択する飼い主は多くありませんでしたが、最近は増えてきたようです。鼻の中や脳内など、外科手術ではできない部位の腫瘍を取り除く効果が期待できます。

以上の3つが動物医療で行われてきたがん治療です。抗がん剤以外は全身麻酔適用となります。

自分の免疫細胞でがんを抑える「がん免疫細胞療法」

最近注目されている治療が「がん免疫細胞療法」です。免疫は自分の体を外部のものから守ってくれるもの。ウイルスや細菌、その他の病原体などを見つけ出して体から取り除いてくれるのです。「がん免疫細胞療法」は猫の体内にある免疫細胞を取り出して培養し、再び体内に戻す方法。増えてパワーアップした免疫細胞ががん細胞を攻撃し、体全体の免疫力をアップさせる治療法です。完治は難しいとされながらも、進行を止めた

がん免疫細胞療法のフロー

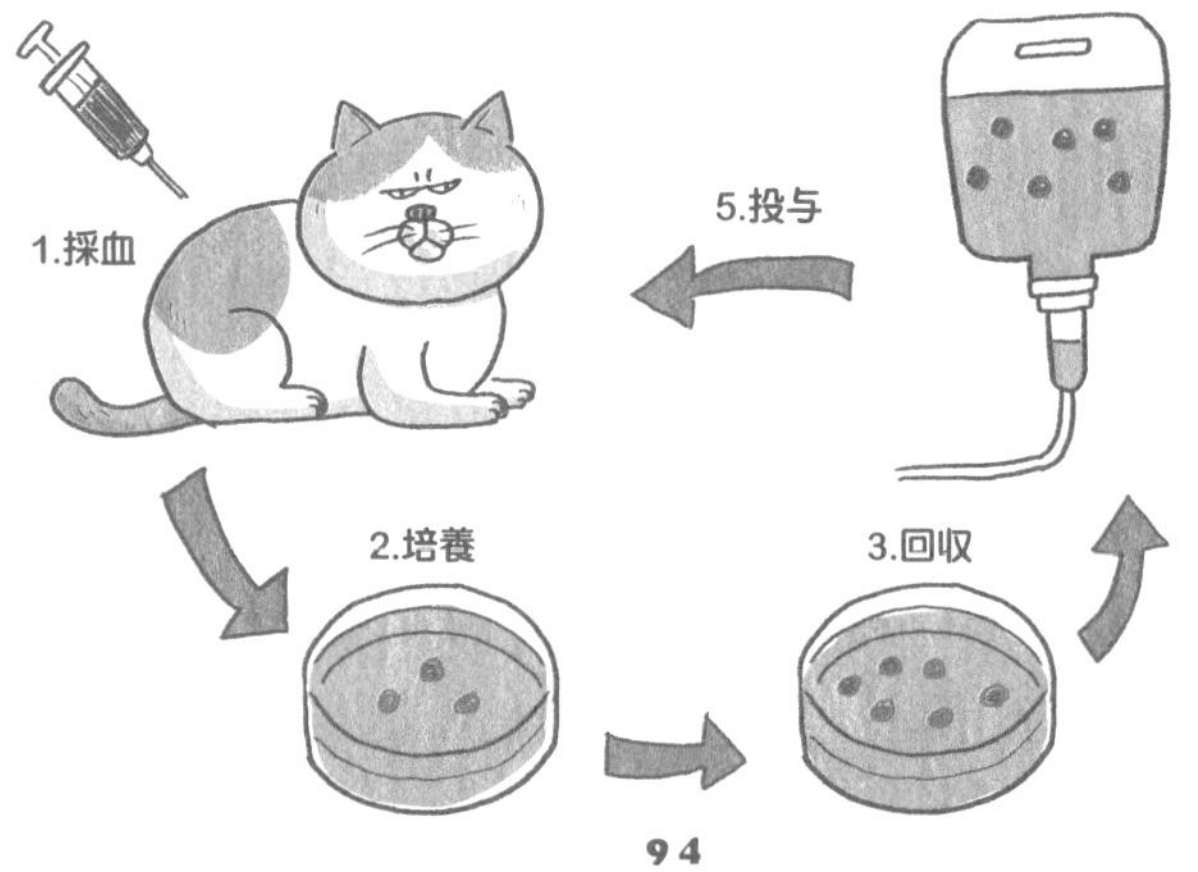

り、再発防止したりする効果が期待でき、ごはんを食べたりごろごろくつろいだりとＱＯＬ（生活の質）の改善が期待できます。自分の細胞を使うので大きな副作用はほとんどないとされています。

また、がんではありませんが、猫さんに多い腎臓病の治療として、人工透析を行う病院も登場しました。人間と同じように血液から老廃物や余分な水分を取りのぞく治療です。特に急性の腎臓病のケースに治療効果が期待できます。

選択肢の幅が飼い主さんの迷いにならないように

このように新薬が開発されたり、新しい治療法が考案されたりと動物医療は確実に進化し、10年前だったらあきらめるしかなかった命が助かることも増えました。これらがとてもありがたくうれしいことであるのはまちがいありません。

ただ一方で、選択肢の多さは飼い主さんに大きな葛藤を与えることにもなります。まずは金銭的な問題。一つひとつの治療だけでなく事前検査や薬代など、保険が効かない動物医療の場合、１００万円、２００万円という金額になるケースも少なくありません。断念する場合、お金で命をあきらめたように感じる人もいるでしょう。

そして根源的な問題ですが、本当に必要なのか。だれのための治療なのか。それを改めて考える必要があるかもしれません。家族と思えばこそ助けたいと思うのは当然。でも動物の場合、当事者の意思を確かめることはできません。長生きさせたいというのは自分のエゴではないか。病院で怖い思いをするのは嫌なのではないか。考え始めたらきりがないですね。また、同じ延命でも15歳を過ぎた子と1歳2歳の子の場合では考え方も感情もちがうでしょう。

愛猫が病気になると冷静な選択や決断をするのは難しいもの。だからこそ元気なうちに、その家族なりの選択肢、金銭的限度、決断の基準を決めておくことをおすすめします。「私たちの家の最善は何か」……。そのことを考えることで、今元気でいる時間の尊さ・大切さを再確認するきっかけにもなるのではないでしょうか。

猫のターミナル期の緩和ケアにはどんな種類がある？ 何ができる？

QOL（生活の質）を改善する医療ケア

緩和ケアとは、生命をおびやかすような病気による問題に直面している動物やご家族に対して、身体的な痛みや苦しみ、メンタルケアも含めて予防し、軽減すること。動物やご家族のQOL（生活の質）を改善する医療ケアのことです。

猫の病状や程度、飼い主さんの事情によっても、緩和ケアはいくつか選択肢があります。

自宅での皮下点滴や酸素ボックスなどの活用

基本は自宅で家族がケアをしながら、動物病院に通院するスタイルをさします。最近は往診専門の獣医師がいるので皮下点滴や投薬をサポートしてもらってもよいでしょう。有効な治療の皮下点滴は病院で点滴用セットを用意してもらい、飼い主さん自身がしてあげることもできます。

病気によってターミナル期の症状は変わります。呼吸を楽にするために動物用酸素ボックスの活用も有効。ほとんどの病院でレンタル会社を紹介してもらえます。老猫や神経系の疾患の子で激しい夜鳴きや徘徊、旋回などの症状がある場合は、鎮静作用のある薬を処方してもらうのもよいでしょう。

ごはんは食べたいもの、食べられるものを優先して

食欲が低下した場合は療法食にこだわらず、好きなもの、おいし

そうなものを優先的に食べさせることを考えましょう。前は食べなかったものでもあげてみると食べることがあります。食欲増進剤の処方や、シリンジ(針のない注射器)を使ってペースト状のごはんをあげる強制給餌や給水なども、獣医師と相談して適宜行ってください。最近は介護・看護に特化した多種多様なフードが登場し、選択肢の幅も広がっています。

末期の場合、飲ませている薬がすべて必要なのかどうかも確認し、減らせるものは減らし、注射で対応できることは病院でしてもらってもよいでしょう。

環境の整備も

猫は体調が悪いときでも何とか自分でトイレまで歩いていこうとします。途中でしてしまうこともあるのでトイレまでの道にペットシーツを敷いておいてもよいですね。床に固定すれば、滑り止めにもなります。進行したらおむつの着用も。

もし動きづらそうにしている場合は、痛みを軽減するための薬も使えるかもしれないので相談してみてください。

ただ、猫にとっていちばんの緩和ケアはいつもと変わらぬ環境でお気に入りの場所に寝て、そしてそばに大好きな飼い主さんがいることかもしれません。ストレスを感じさせない範囲で声をかけ、手をそえてあげてください。飼い主さんの心のケアにもなるでしょう。

ターミナル期に必要なのはごはん、薬、寝床
そして飼い主の手と声、ぬくもり

肛門腺が破裂した子がいるそうです 定期的に絞るべき？

まれに詰まって破裂する子も

肛門腺とは、犬猫のお尻（肛門）の脇にある小さな袋状の分泌腺のことです。肛門の左右、時計の4時と8時の位置に一対あります。この中にかなりクセのあるにおいの分泌物が入っていて、排便のときや興奮したときに、自然に分泌されています。この分泌物は形状からにおいまで個体によって大きくちがいます。そのため猫同士で識別したりマーキングなどに利用したりします。

猫の場合、分泌物が詰まることは少ないのですが、お尻を気にしてよく舐めたり、床にお尻を擦りつけたりしているときは、違和感があったり、破裂して炎症を起こしている可能性があります。肛門腺炎といって治療が必要なので、動物病院で診てもらいましょう。

肛門腺が破裂してしまったときは、出血を伴うこともあり、なかなかショッキングな姿になります。病院へ連れていき、患部を洗浄してもらい、投薬などで経過を見ましょう。程度にもよりますがしばらくは通院が必要となります。犬の場合、繰り返し起こるときは肛門腺を切除する手術を行うケースもありますが、猫は手術が必要になることは多くはありません。

肛門腺の分泌物が自然に出ていれば人間が絞る必要はありません。生涯で一度も絞ったことがないという猫さんが多いようです。

ただ、まれに出にくくなること

や、構造上の問題や体質などの個体差で分泌物が硬くて詰まりやすい子もいます。病院に行ったついでのときにでも、確認してもらっておくとよいでしょう。

できれば病院での処置がベター

前述のようにお尻を気にしていたら、念のために肛門周りを見てあげてください。便とはちがうにおいがするとか、膨れている、赤くなっているといった症状があるようなら、分泌物が溜まっているかもしれません。まずは獣医師にチェックしてもらいましょう。溜まりやすい子の場合、絞るのはコツが必要となり自宅では難しいかもしれませんが、もし実施する場合は強烈なにおいがするので覚悟が必要。お風呂場などで行うのが安心です。初めての場合は動物病院で絞り方を教えてもらってください。とはいえ、かなりの抵抗が予想されるのでやはり動物病院での処置をおすすめします。

肛門腺は4時と8時の位置

8時

4時

詰まりやすい・詰まりにくい子に分かれるので早めに検査をして適切な処置を

動物救命救急病院って夜間や日曜日も予約なしで診てもらえるの？

急な異変に対応してくれる動物救命救急病院

人間同様、動物医療施設にも突発的に具合が悪くなったり事故にあったりした急患を受け入れる救命救急病院があります。夜間のみの診療、24時間診療と、形態はさまざまで、町の一次診療施設が夜間救急の体制を整え、急患を受け入れているケースもあります。

動物たちは病院に来た時点で深刻な状況のため、まずは救命を最優先した検査と応急処置が施されます。投薬や注射、場合によっては手術などが必要になることも。

治療の前に血液検査や超音波検査を行い、同じ嘔吐でも腎臓病、胃腸炎、あるいは誤飲、そして発作なら心臓、脳……など、症状を引き起こした原因を特定します。処置を終えると7～8割の子は症状が落ち着き、帰宅。翌日にかかりつけの病院でその後の治療方針を決めていくことになります。残る2～3割の子は重症のケースで、手術や入院が必要だったり、なかには残念ながら亡くなってしまったりする子もいます。

早期発見したい病気と気をつけたいアクシデント

来院する子たちは突然悪くなったわけではなく、もっと前にかかっていた病気が少しずつ進行し、ついに症状が出たというパターンが多いのですが、救命救急の傾向として、飼い主さんが病気を把握していないことがほとんどといい

把握されていない重篤な病気、
不測のアクシデントが多い救命救急

ます。把握している飼い主さんは少しの異変ですぐに病院へ行くので救急対応が必要になるケースは多くありません。元気だと疑いもしていなかった子がじつは深刻な病気だったという事実に、飼い主さんは混乱します。定期的な健康診断の必要性がわかりますね。

　もうひとつ、救急病院の対応で多いのがアクシデント類、特に異物の誤飲です。猫に多いのはひも類、そしておもちゃの羽根など。すぐに気づいてまだ胃の中にあるうちに来院すれば内視鏡で取ることができますが、腸までいってしまうと開腹手術となります。腸の動きは複雑で、ひも類が絡むととても危険な状態。誤飲は絶対に避けたい事故です。

　また、防水スプレーも注意が必要なアイテムです（61ページ参照）。病気と比べると、こうしたアクシデントのほとんどは飼い主の注意で防げることです。もちろんだれもが気をつけているでしょうが、思いもよらない行動をするのが猫ですよね。

　命を救う最前線である救命救急病院のケースが教えてくれるのは、猫たちの安心・安全は飼い主さんの意識によるということ。あらためて気をつけたり、環境を見直したりして、救急病院に行かなくて済むように心がけましょう。

　それでも万一のときに慌てないで利用できるよう、近くにある救急病院をチェックしておきましょう。初診となるため服用中の薬の名前（あるいは現物）や既往歴などのメモ、血液検査表などを持参しましょう。日頃からキャリーに入れておくことをおすすめします。

PART 4 獣医さんのこと

お世話になっている
獣医さん。
愛猫のためにも
信頼関係を
築きたいけれど、
どうすればいい？
どんな距離感が
ベスト？
獣医さんのこと、
もっと
知りたくなったので
踏み込んだ
質問しちゃいます。

セカンドオピニオンの受け方は？ 初診の先生に言う？ 言わない？

獣医師が紹介する二次診療施設での検査・診断

セカンドオピニオンとは、最初に診てもらった病院とは別の医療機関の獣医師に、第二の意見を求めること。最初の先生の診断を疑っているように感じる人も少なくなく、どのように依頼したらよいのか、飼い主さんから相談されることがよくあります。

町の動物病院で症状を総合的に診断し、高度な検査に必要な医療機器がない場合や、診断や治療が難しい症例、認定医によって高度医療を受ける必要がある場合などは、病院側から大学病院や二次診療施設での受診を提案することがあります。飼い主さんが受診を希望すれば担当医が二次診療施設に連絡し、診察の予約や紹介状の用意をしてくれます。検査データなども渡されるのでそれを持参して受診すれば、その後の診断結果が二次診療施設から担当医に情報共有されます。

飼い主側から申し出る場合

一方で、担当医から話が出なくても、飼い主さんが別の先生の診断を希望することもあるでしょう。例えば、その病気の症例を多くもつ病院や先生に、改めて診てもらいたいという場合ですね。そのときは遠慮せずに担当医に伝えてください。失礼ではないかという心配する気持ちもわかりますが、いちばん大切なのは愛猫に適切な治

療を納得して施すことです。

切り出し方の例として、

「先生の方針については理解できたが、大事なことなのでできるだけたくさんの情報を集めてから決めたいです。○○病院の話も聞いてみたいと思います」

「とことん納得して治療を開始したいのでセカンドオピニオンを聞いてみたいです」といった伝え方をしてはいかがでしょう。

ほかの病院に行く際は、治療経過の詳細がわかる診断書や検査結果のデータなどを資料として用意してもらいましょう。治療経過がわかる資料はセカンドオピニオンを求められる獣医師にとって有益な情報となります。

どうしても言いづらい場合は、今までに行った検査内容や治療、薬の種類や用量、診断名などをメモ書きでもよいので確認して、その内容をセカンドオピニオン先に伝えます。

いずれにせよ、まずセカンドオピニオンが本当に必要なのかを考えましょう。猫の病状によっては、病院を変えることや新たな検査を行うことが体力的な負担になることも考えられます。初診の先生とよくコミュニケーションをとり、愛猫の今の病状や診断・治療についての内容を正しく理解できているかどうか、冷静に考えましょう。わかりづらいことは質問し、心配や不安な点は何度でも確認して説明してもらってください。そのためには、日頃からコミュニケーションがしやすいかかりつけ医を見つけておくことが大事ですね。

セカンドオピニオンは正当な手段
本当に必要かどうかは慎重に判断を

動物の死に直面する機会は多いと思います　慣れるものですか？

最初のうちは　しばらくひきずることも

「慣れる」という言葉を調べると「たびたびまたは長く経験して、何とも感じなくなること」とあります。その意味でいうと、私はまったく慣れていませんし、今後もないと言い切れます。

　動物医療の現場に入った頃は、目の前で少しずつ生気を失い、息をしなくなる動物を見て、何ともいえない無力感を感じたことを今でも覚えています。何のために獣医師になったのか、助けるためではなかったのか？　それなのに、何もできない悔しさ、力不足、悲しみ……。そういった感情がグルグル頭を占めて、数日ひきずることもありました。

　経験を積めばそれだけ死に直面する機会も増えますが、ただ、その都度落ちこんだりショックをひきずっていてはほかの動物を診るうえで支障が出てしまいます。何かを感じたとしても気持ちを切り替えていかなければ仕事になりません。ですから悲しみや落胆、失望などを一旦抑え、切り替えるスキルは身についた気がします。

　今でも、動物病院内での看取りに立ち会うことがありますが、命の終わりや死を前にして悲しむ飼い主さんを見ると、悲しくなる気持ちは変わりません。

慣れることと平気とはちがう

多くの獣医師も同様に、動物の死に慣れる――何とも感じなくなることなどないと思います。

なかには切り替えが上手な先生もいますが、心のどこかに複雑な感情は存在し、あえて見ないようにしているように感じます。悲しみや落胆を強く自覚したり、長くもち続けることで命を取り戻すことができればよいですが、それは決してかないません。ならば感情をうまくコントロールして、目の前にいる動物たちに集中することを選んでいるのではないでしょうか。そうした姿は、第三者からは「慣れた」ように、例えば冷たく映ることがあるかもしれませんね。

獣医師を目指す人は、もともと動物が好きで、動物を救いたい気持ちを抱いた人がほとんどです。救えなかった命に対しては、飼い主さんたちとはまた別の種類の悲しみや悔しさがあります。ある救命救急の先生は、救った子よりも亡くなってしまった子たちの記憶がずっと残っていると言います。

人間と同じように、獣医師と動物も一期一会。関わったすべての動物たちは、獣医師の心の中でずっと生き続けていると私は信じています。

悲しみや落胆は
目の前の動物を救うエネルギーに変える

信頼できる先生に診てほしいのですが、不安を感じる先生がいます

時間をかけて信頼関係を築いていってほしい

自分の大切な猫の命を託すのだから信頼できる獣医師に診てもらいたいというのは、すべての飼い主さんの感情でしょう。ただ、信頼したいけれど、信頼できないと感じる場合もあるようです。特に新人の若い先生に対してそういう思いを抱く人が多い傾向にあります。

あとは、何となく話しづらいとか、肌感覚って人間関係にはありますよね。ここは結婚相手を見つけるのと同じで、初めから100%合う先生を見つけるというより、少しずつ時間をかけて信頼関係を作っていくことを目指しては？

私が新人のときを振り返ると、申し訳ないくらい自信がない話し方で、飼い主さんを不安にさせていただろうなと反省することばかり。そんななかでも、名前を覚えてくれて、可愛がっていた猫のことなど診察をしながらいろんな話をした方もいます。ワクチン接種のときや、爪切りで来院するときなどに日頃から関係性が築けていると、いざというときちょっと聞きづらいと感じることも、質問しやすくなります。私は少々厳しいことでも、飼い主さんに質問されることで成長できました。

新人の記憶力と吸収力、成長スピードに感心

大学を出たばかりの先生は経験は浅いものの、潜在的に優秀な人

は大勢いる印象です。私たちの頃に比べ、大学のカリキュラムが大きく変わったこともあり、獣医学的なことや最新の情報などの知識が豊富で、若いからこそ記憶力もよく、知識をどんどん吸収しています。経験不足の面はもちろんありますが、飼い主さんから質問されることで彼らはそれに答えようと頑張りますので、わかりづらい説明のときは遠慮なく何度でも質問してあげてください。

人間に無愛想でも動物にはフレンドリーな人も

一方で、経験は長く知識も技術も素晴らしい先生なのに、寡黙で言葉が少ないような先生もいますね。どのタイミングで質問したらよいか迷う人もいるでしょう。そういった先生は雑談することを好まないかもしれません。獣医師には職人気質の先生もいて、自分のことを話さず、黙々と治療をすることに専念する人もいます。ただ、動物への接し方やまなざしには愛情があふれていることも。

饒舌でコミュニケーションにたけている先生、不器用でも動物には優しい先生といろいろなタイプの先生がいますが、重視してほしいのは、動物に接するときの態度やふるまいです。獣医師は動物を診る仕事なのです。

新人には新人の、ベテランにはベテランの個性
動物に向き合った姿を重視してほしい

ネットの口コミ評価って気になる？評価は妥当だと思う？

ひとつのマイナス評価が大きな影響を与える口コミ

動物病院に限らず、お店や企業、商品、サービスなどに対するネットの口コミ評価は、いまや大きな影響をもたらします。経営にも影響するので、気にならないというのは嘘になります。動物病院でもチェックをしているところは多いでしょう。ただ、あえて見ない、一切気にしないという先生も一定数はいます。

プラスの評価が10個あっても、ひとつでも厳しい投稿があれば人は不安を感じるものです。仕事がらいろいろな口コミを見る機会がありますが、もっともな意見だと理解できる内容もあれば、あり得ないような誤解を与える、あるいは悪意を感じる書き方をしている投稿も目にします。当事者である獣医師やスタッフの気持ちを考えると気の毒になりますが、一方で、たとえ行きちがいや誤解だったとしても、投稿した人がそこまで強く書きたくなるような何かがあったとすれば、病院側も向き合う必要があるかもしれません。

口コミは飼い主さんの生の声

マイナスの評価としては、獣医師をはじめスタッフの態度や説明不足など、来院や診察時のコミュニケーションの問題が多いようです。動物病院の場合、患者(患畜)は動物です。口がきけない彼らになり代わり、飼い主さんはいわば通訳として症状を伝えたり、説明を聞いたりしなければなりません。そこでコミュニケーションがうまくいかないと、大きな不安を感じるのは無理もありません。動物病院でのコミュニケーションに関しては、近年注目されている課題となっています。116ページからも解説しているので参照ください。

一方で診断や薬のまちがいなど、医療に関わる指摘などもあり、病院としては反省・改善すべき課題としてシステムを見直したり、スタッフ教育を行ったりする必要があります。

動物病院に長く通院してくれている方もいて、改善してほしいという願いから苦言をくださる投稿もあります。定期的に口コミ評価の内容を病院全体で共有している病院や、院長自ら個々に返信を書いている病院もあり、一定のレベルを維持するために日々努力を続けています。

最後にひとつお願いがあります。みなさんからいただくプラスの評価は、現場のスタッフにとって喜びですし、仕事への励みにもなっています。口コミを書く際は、厳しい評価もありがたいですが、ぜひ、プラスの評価も書いてくださるとうれしいです。

マイナス評価は改善・改良の課題に プラス評価は喜びと励みに

思いきり噛まれたら頭にくる？その子を嫌いになることもある？

噛まれるのは獣医師の至らなさ

自分の猫でも飼い主さんの猫でも外猫でも、思いきり噛まれた場合、私がいちばん初めに感じるのは「怖がらせることをして、ごめんね」ということ。同時に、噛まれる自分のスキル不足を恥ずかしいと感じます。猫が緊張していたり、恐怖を感じているサインを見落としてうっかり手を出した自分が悪い、そう思います。

ふだんから噛み癖があるという子の場合でも、事前にきちんとヒアリングしていれば相応の対応をするのがプロ。猫の特性や性格に合わせて、処置や検査、治療などは、負担を少なく素早く行いたいところです。

保定が適切ではなかったり、怖がらせて興奮させてしまうような接し方をしていたり、猫が噛む理由はいくつも考えられます。そういった予想ができず、噛ませてしまうことのほうが問題だと捉える先生のほうが多いのではないでしょうか。どんな状況であれ、噛まれたりひっかかれたりしてしまうのは自分たち、つまり獣医師の反省点と考えます。なかには「たまたま運が悪かった」とあえて自分のせいにしない先生はいるかもしれませんが（笑）。

考えてみると、今までに猫に噛まれたりひっかかれたりして怒った先生には出会ったことがありません。冗談っぽく「思いきりやられてしまいましたー（笑）」というスタッフもいますが、どちらかというと自分の至らなさに悔しがったり、噛まれた事実を周りに隠したりする人のほうが多いです。ましてや、その子を嫌いになるなどあり得ない……言い切っちゃってよいと思います。

一瞬の反応など気にしないで大丈夫

もちろん獣医師にも神経は通っているので、強く噛まれたりひっかかれたりしたら痛みを感じます。その瞬間、険しい顔になったり声が出たりしてしまうこともあるでしょう。それらは生理的な反応で、感情ではないのでご安心を。

ご自分の猫が先生を傷つけたら、飼い主さんはとても恐縮します。その気持ちはありがたいですが、獣医師は自分の怪我は覚悟して治療にあたっているので、謝罪などは不要です。代わりに猫さんが回復したときに喜んでいただければ十分なのです。

もし先生の手や腕に噛まれたような傷があったら「先生、ファイト！」と心の中でエールを送ってあげてください。

噛まれたり傷つけられて感情的になるような獣医師はいないと思ってよし

困った飼い主と思うのはどんな人？思うこと、言いたいことは？

特別扱いを求める人

獣医師に限らず大勢の人を相手にする仕事の場合、困るのはほかの人（や動物）たちに迷惑をかける言動です。

動物を愛するがゆえかもしれませんが、「特別扱いを求めてくる人」がいます。例えば混雑した待合室で順番を早めてほしいといろいろな理由を訴えてくる人、個人的な事情で時間外に診てほしいというようなときです。緊急の場合以外はその病院のルールに沿って協力していただきたいところです。そのような場合、ほかの動物たちの診察や処置中であっても、スタッフは手を止めて対応しなければなりません。自分の家の子がいちばん大切という気持ちはよくわかるのですが、みんな同じ気持ちで順番やルールを守っています。

猫の負担が大きいドクターショッピング

2つ目は「ドクターショッピング」でしょうか。診断に納得できなかったり、治療内容にこだわりすぎて、いくつもの病院を渡り歩いている方です。

診てもらっていた先生の意見を基本にして、別の第2の視点で意見をもらい、今後の治療方針を検討するセカンドオピニオンとちがい、ドクターショッピングは、獣医師や診断結果への一方的な不信感が先立ち、転院を繰り返して自分の理想像に合った先生を探し求める行為です。転院先でも同じような診断になる場合が多いのですが、納得できずまた別の病院へ移ることで治療が中途半端なまま次の獣医師にバトンタッチされます。

過去の病歴の情報を正確に得られず以前の状態がよくわからないことも多いので、最初から検査を行うことも多く、動物たちの負担は計り知れません。

飼い主さんと獣医師は同じ目的をもつ協力者

そのほかに困った経験として思いつくのは、

- 獣医師の話（説明）をまったく聞いてくれない
- 説明通りに治療をせずに勝手にやめてしまう
- 感情的に怒りだす人

などでしょうか。

ただ実際は、獣医師が注視するのは動物たちなので、飼い主さんがどういう人かという視点は少ないように思います。

飼い主さんに思うこと・言いたいことというより望むことは、言葉を話せない動物たちの日々の状態や変化を、代弁者として獣医師に伝えてほしいということ。

大事な動物を幸せにすることができるのはいつも近くにいる飼い主さんしかいません。

獣医師は飼い主さんからの情報が頼りです。飼い主さんと獣医師は「動物のために」という共通の目的をもつ協力者であるという認識のもとで治療にのぞむことがいちばん望ましいですね。

猫さんよりも自分の都合や感情を優先する人

獣医さんとのコミュニケーションうまくとるために大切なことは？

飼い主・獣医師が互いに理解し合うためのSDM

診察室で獣医師とうまく話せない、言っている内容が理解できない、伝えたいことを切り出せない……、こうした悩みを抱える飼い主さんは思った以上に大勢いるようです。特に犬より猫の飼い主さんに多いという声も耳にします。公園などでほかの飼い主さんたちとコミュニケーションを日常的にとっている犬の飼い主さんとちがい、猫の場合、知識や情報、悩みなどを他者と共有する機会が極端に少ないという点や、猫さんのほうが動物病院を訪れる回数が少ない傾向にあることも影響しているかもしれません。

そしてじつは獣医師にもコミュニケーションで悩んでいる人は多いのです。獣医師、飼い主さん双方のお話を聞く機会の多い身としては行きちがいや誤解も多く感じることがあるので、どうにかしたいと思っていたところ、同じ課題を感じていた若い先生が獣医コミュニケーション研究会（NDK）という獣医療関係者が所属する会で新たな取り組みを始めました。

SDM（Shared Decision Making：シェアード・ディシジョン・メイキング）という言葉をご存知ですか？　日本語では、協働的意思決定、または共同（共有）意思決定と訳されます。

つまり、患者さんと医療者がお互いの情報を共有しながら協力して一緒に治療方針を決めていくこ

SDM（シェアード・ディシジョン・メイキング）

獣医療SDM推進リーフレット（伊藤優真先生作）を基に本内容に合わせて作図

獣医師と飼い主が情報を共有し意思決定する SDMの考え方を知ろう

とをいいます。人間の医療現場では以前から知られていますが、動物医療でもこれから浸透してほしい取り組みです。

SDMの考え方の特徴は、医療者側からの情報だけでなく患者さんの情報も大切にする「双方向性」の関係をつくること。

診察にたずさわる獣医師も学び、飼い主さんにも知ってもらうことで、より積極的に動物の治療に参加してほしいという考え方です。

人間とちがい、動物は言葉を話せないので、家での様子をよくわかっている飼い主さんが代弁者となり、獣医師に伝えてくれる情報をもとに診察がスタートします。

獣医師は診察してわかった情報や専門的な知見を伝え、飼い主さんと相談しながら進めていきます。飼い主さんにとっても獣医師にとっても、お互いにメリットがあるという思いで研究をしています。

飼い主が思うこと

飼い主さんとお話をすると、よく言われるのが「診察室では聞きづらい」ということ。「人気のある病院ではいつも先生が忙しそうで遠慮してしまう」とか、「質問ばかりして時間がかかるとほかの飼い主さんに悪いから」という理由もありますが、なかには「説明が難しすぎて何を言っているのかよくわからない」、「ちょっと聞いただけなのに不機嫌になるから質問しづらい」といった声もちらほらあります。

別の例では「悪い先生でないことはわかるけど、いつも眉間にしわをよせてニコリともしてくれないから怖くて聞けない。代わりに仲良しのスタッフさんに聞いてもらっている」といった話も耳にしたことがあります。

診てもらう側としては、大切な動物を預けるわけですから、先生に嫌われたくない、めんどうくさい人だと思われたくないというのが本音でしょう。

獣医師の視点

一方で、獣医師に話を聞くと、「説明をしようとしても話を最後まで聞いてくれない」「事前にリスク説明をしていても、いざ望むような結果にならないと、『そんな話は聞いていない』と言って、話ができなくなる」といったケースもあるようです。

ちょっとした認識の行きちがいや、思い込みによる誤解で動物のために建設的な話ができないのはとても残念なこと。人間には思いや考えを伝えるための言葉があるのですから愛すべき動物たちのために同じ方向を向いてコミュニケーションをとっていきたいですね。

飼い主にも獣医師にも広めたいSDM

本来の獣医師の仕事は、動物の健康を守り、命を助けること。それを実現するためには、動物に直接行う処置や治療はもちろん大切ですが、同時に飼い主さんが家で行う投薬やケア、また継続して通院をしてくれるよう協力してもらうことが必要になります。

とはいえ人にはそれぞれ事情があり、場合によっては、やってあげたくてもどうしてもできないこともあるでしょうし、飼い主さんと獣医師の価値観のちがいによって、治療に対する考え方もちがって当然です。そのうえで、獣医師を信頼してもらい、よく納得したうえで治療を進めていけるのが理想です。対等な立場で双方の情報共有をしながら動物の治療に参加するSDMのような考え方は、とても大切だし、今後どんどん発展していく概念だと思います。

診察室でのミスコミュニケーションを防ぐためのポイントやコツをいくつかの例で紹介しましょう。

聞きたいことはあらかじめメモを用意しておく

ある飼い主さんが手にメモを持って来院していて、拝見すると獣医師に聞きたい質問が箇条書きされていました。診察室に入って話をしていると、聞きたいと思っていたことをすっかり忘れてしまうのだそうです。またある人は、家族から頼まれた質問をノートに書いて持ってきていました。このように聞きにくい質問は、あらかじめまとめてメモをしてくるとよいですね。

何か手元に用意していると、獣医師も気になるので、「何かありますか？」と声をかけたくなります。そうすれば言いやすいかもしれません。獣医師がまったく気づかないときは、「聞きたいことをまとめてきたのですが質問いいですか？」でOKです。難しく考えず質問してください。

説明しづらいものはスマホを活用する

家での様子を説明する際、猫の咳とか異様な鳴き方など、うまく説明できないこともあるでしょう。そういったときは、スマホやデジカメなどで動画を撮ってくることをおすすめします。診断のヒントになることが多く助かります。あとは手で持ってこられないような吐物や、寄生していた虫など、写真で見せるとわかりやすいでしょう。

知らない言葉が出てきたら聞き返す

言葉が専門用語でわかりづらいときは、すかさずその場で聞き返しましょう。飼い主さんに説明をしていたら「先生、えんしょうって、何ですか？」と質問されたことがあります。紙に書けば「炎症」ですが耳で音だけ聞いて何だろう？　と考えてしまったんですね。わからない言葉が突然使われると、それが心に引っかかり、その後の大事な話も入ってこないので遠慮せずに質問しましょう。

獣医師はわかりやすい言葉を意識してはいますが、真剣になるとつい教科書的な言葉を使ってしまうことがあります。わからないときは「○○って何ですか？」と伝えてください。話を遮るのが気になるなら、手をパッと挙げるといいかもしれません。

それでも病名が難しくてわからないとか、何度も同じことを聞けないということもあると思います。そういったときは、「家族に説明するのでメモ書きでいいから欲しい」と伝え、紙に書いてもらうとよいでしょう。許可をとってスマホのボイスメモに入れてもらってもよいですね。

先生の見立てに異を唱える意見を言ってもよい？

もちろん意見があったら遠慮せず言ってください。ただ感情的になっているときは落ち着いてからのほうがよいでしょう。

例えば愛猫が深刻な病状と診断されるとショックのあまり、あるいは信じたくない気持ちから平常心を失い、獣医師に「誤診じゃないか」「ちゃんと調べたか」などと言ってしまう人も。慣れている獣医師もいますが、やはり辛い思いをすることもあります。検査結果が悪かった場合、獣医師も宣告をするのは苦しいものです。

気持ちが落ち着いて冷静になったうえで診断に関する意見があれば、率直にセカンドオピニオンを求めるほうがよいでしょう。

ほかで得た情報を聞いてもよい？

ネットや他者からの情報収集は

いまや当たり前なので、聞いてみるのはまったく構いません。ただ、まだ診断がついていない段階でいきなり「ネットでは」、「知り合いに聞いたら」と切り出すと、先生の説明や治療を信頼していないように受けとられる可能性も。そんな場合は「心配なので調べてみたら、○○と書かれていたのですが、実際のところどうなのでしょう?」のように、飼い主としての不安な気持ちを添えて「先生の意見が知りたい」といった聞き方をするのがいいでしょう。

リクエストをしたいとき

引っ越してきた方から、以前の病院では○○してもらっていたので同じようにお願いしますと言われることがあります。できることとできないことはありますが、リクエスト自体はまったく問題ありません。以前の病院で使っていたのと同じ薬が欲しいということなら、扱っていない薬でも取り寄せてくれることがあります。ただ、ほかの飼い主さんに使用しない珍しい薬の場合は、注文した単位（例えば一箱分）購入してもらう必要はあるかもしれません。

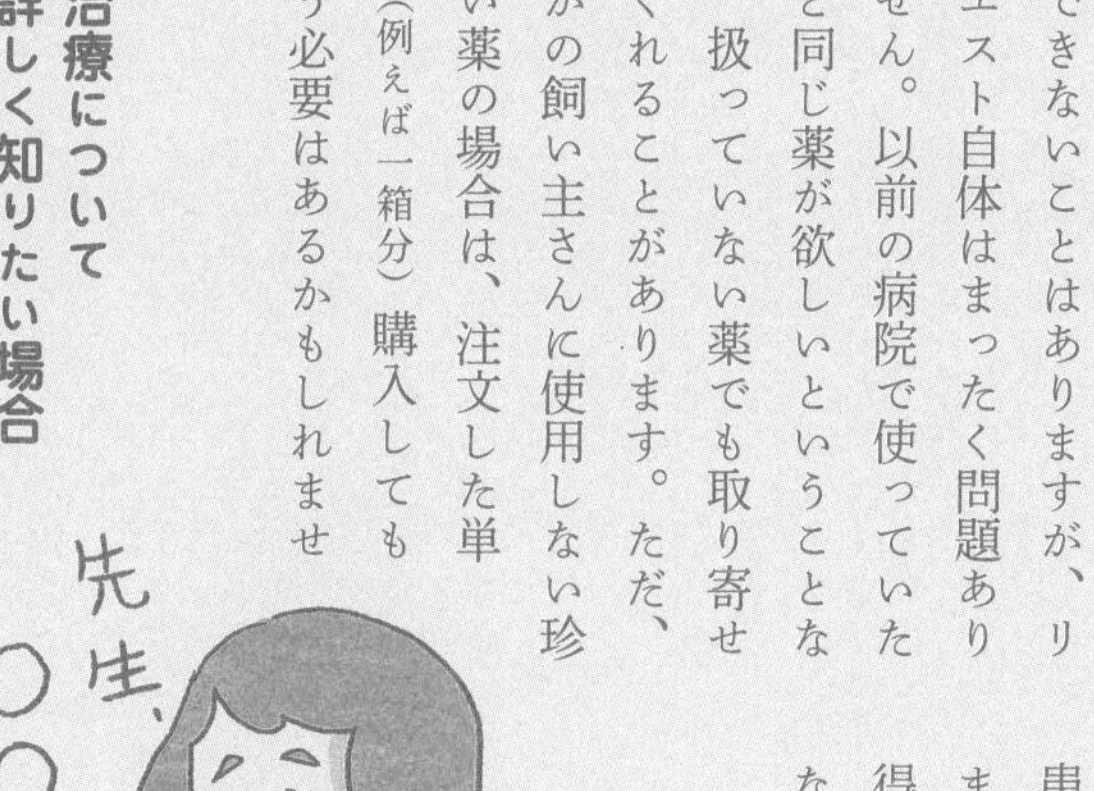

治療について詳しく知りたい場合どう聞けばよい?

薬の話が出たときに説明がない場合は「その薬は何を治す薬ですか?」と聞いてください。処置や治療、投薬の際には必ず説明をし、その都度患者さんの承諾を得なければなりません。説明を受けたときに、納得ができればよいですが、そうでないときは「もしその治療をしな

い場合は、「どうなりますか？」と選択しない場合のデメリットも聞くとよいでしょう。どのような治療にもメリットとデメリットはあるし、使う場合の副作用などは事前に必ず知っておくべきです。遠慮なく質問してください。

愛猫の健康に関わることなので、要望はストレートに伝えて構わないのですが、なかには先生の考えを否定するように考えてしまう方もいるようです。そのような場合は、「以前○○で辛かったので、したい／したくないと思うのですが、どうですか？」などと「理由」をつけて意見を聞く言い方にしてみるとよいでしょう。

「前に薬を使ったら具合が悪くなったことがあるので、できれば使いたくないのですが」というように、具合が悪くなったと聞いたら、獣医師もほかの選択肢を一生懸命考えてくれるはずです。

治療の選択に迷ったら

いくつか治療の選択肢があり、メリット・デメリットを理解したとしてもすぐに結論が出せないときもあります。少し時間が欲しいことをストレートに伝えてよいでしょう。「家族（友人）と相談する時間はある？」「ほかの人はどうしてる？」「先生が同じ立場の飼い主だったらどうする？」といった質問は、決断の参考にもなります。

お金で悩んだときは

当日持ち合わせがないようなときは「今日は○○円しか持ち合わせがないのですが、その費用内でお願いできますか」、緊急性がない高額な治療や手術に関しては、「家族と相談してからでも大丈夫ですか」と確認するとよいでしょう。費用のことは率直に伝えてもらえたほうが獣医師も治療や処置の提案がしやすくなります。

獣医さんがコミュニケーションで気をつけていることは？

専門用語を多用しないことに気をつけている獣医師は多いです。

例えば、肺に水が溜まって呼吸が苦しい状態になっている「肺水腫」を伝えるときに、「スポンジに水をたくさん含んだような状

どう言えばいいのかな…

態」と説明する先生もいれば、重症度を伝えるために「プールで呼吸ができないくらい溺れている状態」と話す先生もいます。

みなさんは動物病院の診察室で獣医師と向き合いますよね。一方、獣医師も動物、飼い主さんと向き合いますが、おもに見ているのは動物のほうです。飼い主さんから聞いた情報と症状や検査結果を見ながら、目の前の子をどうやって助ければよいか、どんな方法があるか。蓄積した知見を頭の中でめまぐるしく回転させています。本来はそこで心配している飼い主さんの立場を考えてわかりやすい言葉を選び、優しい気配りができればよいのですが、真剣になると忘れたりそこまでの余裕がなかったりすることもあります。獣医師も人間ですし、万能ではありません。そばで見ていると「なぜ別の言葉を選ばないかな」とか「ああ、また真剣になって飼い主さんを置いてけぼりにしている」と感じてしまう先生もいます。新人だけでなく、ベテランでもそういう気質の先生はいます。それらを理解してほしいとは言えませんが、すぐに結論を出さず、対話を試みてほしいのです。

獣医師と飼い主さんが連携することが最良の治療や処置につながります。そして、動物たちに健やかな暮らしをもたらします。

得意な処置・苦手な処置や犬と猫で得意・不得意はある？

一次診療の得意・不得意は問題ないレベル

すべての処置や手術が得意と言いたいところですが、おそらくどの先生も得意・不得意はあると思います。一次診療施設（町の動物病院）では、人の医療のように専門の科に分かれていないところがほとんどなので、内科は得意でも眼科は苦手とか、犬や猫なら診ることはできるけれど小鳥やウサギは苦手、ということはあります。

ただ、そうした町の動物病院で行う一般的な処置は一定基準以上のレベルを行えるように教育指導がされており、苦手といってもできないということではありません。得意ではない分野やわからないことは、そのことを正直に飼い主さんに伝えます。そのうえで時間がもらえるものは調べたり、得意な獣医師に相談して指導してもらったりします。

もしも治療の経過が思わしくなくて心配になるときは、飼い主さんのほうから「この病気は猫でよく見られるものですか？」などと聞いてみてください。まれな症例のときは、専門の先生や二次診療施設などを紹介してもらえないか相談してみましょう。

そのほか、急な交通事故などで手術のために必要な機材がそろっていないとか、難しい症例の場合は、早い段階で二次診療施設を紹介します。二次診療ではそれこそ得意を生かした分野の認定医が診断や治療にあたります。

犬と猫で得意・不得意はある？

扱い方の差を感じている先生はいるでしょう。これまでの診療経験や自分で飼育したのは犬と猫どちらが多いか、大学の研究室や授業で接する機会はどちらが多かったかなどの経験により、気持ちに差は生じがちですが、診断や処置といった獣医学的なことはまた別。犬のほうが扱い慣れているけれど、猫の症例を多く経験している（逆も）という先生などもいるので、扱い方とスキルは別と考えてよいでしょう。エキゾチックアニマルなどはわかりませんが、犬と猫の医療では個人差はないと言っていいでしょう。

飼い主さんが心配になるのは犬と猫のちがいよりも、経験の少なさが表れた心許なさかもしれません。勤務1年目のときの私は、診察室で注射1本接種するのもドキドキですし、知らないことを質問されるのが怖くてたまりませんでした。通常ならできる採血も、飼い主さんの目が気になって緊張してできないということも経験しました。飼い主さんからすれば頼りなく不安に感じたかもしれません。

なかには経験が浅くても、天性のごとく自然に動物と心通わせている獣医師もいて、そういった先生は動物にも好かれるし、よく行動を観察しています。

得意・不得意はあっても一次診療施設や、犬や猫の治療には対応できるレベル

獣医さんの世界で好かれる先生は どんな人？ 逆の先生は？

患者・患畜ファーストで考える先生

「評判がよい先生は、ひとりで抱え込まず、自分でできないことは早めにほかの先生に相談して紹介する人」という意見はよく耳にします。

飼い主さんを適切なところへ紹介してあげないと、たらいまわしになったり、遠方すぎてあきらめてしまうということもあります。

例えば、セカンドオピニオンや二次診療を申し出たときに地方だと紹介できる大きな病院が大学病院だけといった先生もいます。交通事故で複雑な外科手術が必要なときなど、自分の病院でできないときに、県をまたぐような大学病院を紹介するというケースもあります。

必要に応じて別の獣医師の意見を仰いだり、利害関係なく最適な先生を紹介できるよう日頃から獣医師同士で信頼関係を築きあげている先生は、動物や飼い主さんにとっても有益ですよね。

動物医療全体の発展を考えている先生

よい病院を目指して情報交換したり、自身の経験のなかで得られた知識や技術を周りの獣医師にも惜しみなく提供されている先生もいます。夜遅くても診療後に時間を割いて勉強会の講師をしたり、診断が難しい症例の相談にも気持ちよく対応してくれます。また、若い獣医師にも分け隔てなく接してくれる先生は人気があります。

動物ファーストで考える先生 動物医療業界全体の発展を考える先生

ほかの病院を悪く言う先生は好ましくない

たまたまかかりつけの病院がお休みの日に、動物の具合が悪くなって別の病院に連れていくことがあると思いますが、そんなとき元の動物病院の治療に対して批判的なことをわざわざ話す先生がいます。そのような方は正直、評判が悪いです。聞かされる飼い主さんも気分悪いですよね。同業者同士で批判をするのは、好ましいことではありません。

当たり前ではありますが、獣医療のスキルの高さはもちろん、同時に人にも動物にも公平で、誠実な人が周囲から好かれます。

獣医学部はペット医療の授業が少ない？最新の研究や情報はどうやって得る？

充実してきた小動物臨床のカリキュラム

ひと昔前の大学のカリキュラムは、動物医療、つまり犬猫といった小動物より牛豚鶏といった家畜に関することが多かったのですが、最近の授業内容はかなり変わりました。もちろん大学によって教員の専門性がちがうので教え方などに差はありますが、獣医学の教科書も充実してきましたし、25年以上前の私が学生のときと比べると、科目や時間数も変わり、内容に関しても雲泥の差を感じます。

小動物臨床の講義や実習の時間も増えているし、診察する際のコミュニケーションに関する授業もあります。

獣医師の資格取得前の学生が、大学の附属病院やほかの動物病院などに実習として参加する場合も、学生とはいえ動物と接する以上、知識・技

大学でも小動物の授業が増え 卒業後も多彩な勉強の機会を利用する

能・態度のレベルが一定水準以上備わっていることを飼い主さんに保証する必要があります。そのため、2017年2月から「獣医学共用試験」というものが本格的に実施されています。4年生後期終了時から5年生前期終了時の間に行われる獣医学共用試験は、「知識および問題解決能力を評価する客観試験（vetCBT）」と「技能・態度を評価する客観的臨床能力試験（vetOSCE：オースキー）」の2つがあります。後者では、獣医師に必要とされる獣医療面接での挨拶、自己紹介、態度、質問や話し方など、動物病院の診察で必要な基本的なコミュニケーションの試験が行われています。私のときはこのような試験はなかったので、大学でも教えてくれる人はおらず、働き始めてから現場で先輩方を見ながら学ぶしかありませんでした。

勉強会や講演、研修などで、習熟を図る卒後教育

すでに獣医師として現場で働いている先生たちも同じです。時代の変化は速く、動物医療も日々進化しているので、獣医師は年齢に関係なく学びを止めることはできません。

全国各地で学会が開催されていて、さまざまな年代の方が全国から参加しています。休みの日も講習会や講演があり、研修医として大学や二次病院に通っている先生もいます。

今はオンラインで画像や動画などのデータも共有できるので、悩んだときなど知り合いの先生に相談もしやすくなりました。小動物専門の雑誌や書籍も電子化されていてすぐに調べることができます。また、著名な先生方が学習用のレクチャー動画をオンライン配信するサービスがあり、多くの先生たちが診療時間外に勉強して、知識をアップグレードしています。診療後に夕飯もとらないまま21時スタートの勉強会に参加している先生もいて、いつ休んでいるのだろう？　と思います。

こうした努力は、ひとえに目の前の命を救いたいという思いが土台になっています。

PART

5

私たちのこと

可愛くて愛しくて
楽しくて。
私たちを
豊かに幸せに
してくれる
猫との暮らし。
なのに最後に
待っているのは
病気やお別れの
苦しさ・哀しみ……。
ほかの人たちは
どう向き合って
いるのでしょう。
教えてください。

15歳の愛猫が亡くなったらペットロスになりそうで不安です

愛する気持ちとペットロス

私はペットロスのカウンセリングをしています。現場でいつも感じるのは、動物たちがとてもとても愛されているということ。

飼い主さんのお話をお聞きするたびに、とめどなくあふれる愛情を感じます。愛情の表現方法はさまざま。静かにペットへの想いを語る方、涙が止まらなくて言葉にならない方、ときに自分の至らなさや悔しさから、怒りを表現する方、動物との関係性や亡くなり方によって100人いれば100通りのお別れがあります。

動物病院にいると、思いがけないタイミングで命の終わりを突きつけられるケースに遭遇し、心が痛みます。職業柄、感情をコントロールするようにしていますが、それでも一緒に涙したり、もっと何かできたのではないかと考えてしまいます。獣医師にも多いのではないでしょうか。

動物を迎え入れるときや元気に生活してくれているときは考えたくないですが、お別れはいつか来るもの。心のどこかに「いずれ来るお別れ」を覚悟をして、1日1日をより大事に暮らさなければいけないと切に思います。どこかのタイミングで一度じっくり考えておくことが必要かもしれません。

動物とのお別れを経験したとき、どんな気持ちになるのか、そしてその気持ちとどのように向き合って生きていくのが望ましいのか、

カウンセリングの中で動物や飼い主さんから学ばせてもらったことを伝えることで少しでも喪失感が軽減できればと思っています。

心身に不調をきたしたら無理をせずに病院へ

ペットロスは大切なペットとお別れをすれば、誰もが経験する反応です。体調面での変化を感じる人もいるでしょうし、気持ちや考え方、行動などにも変化があるかもしれません。あまりにも経験したことがない喪失感で、心が痛くてどうしたらよいか戸惑うこともあるでしょう。悲しみが永遠に続くような絶望的な気持ちにおそわれることもあると思いますが、「日にちぐすり」という言葉があるように、ほとんどの人は時間とともに悲しみはやわらぎ、心の傷が少しずつ癒えてくることを感じるはずです。

それでもうつ的な状態になることもあります。朝起きられず仕事にも行けない、食欲がない、眠れないなど、生活や体調面で変調が続くときは、無理せず早めに内科や心療内科に相談してください。自分でどうにかしようと頑張りすぎることは、ペットロスを長引かせることにもなります。ペットを亡くしたことを会社で言えずに仕事を頑張りすぎたり、無理をして平気な顔をする必要はありません。限界になる前に、周りに助けを求めてくださいね。

ペットロスは当たり前の感情
日にちぐすりの力を借りて

愛猫の死は動物病院のミスだと思います どうすればいいのでしょう？

担当医と面談し資料を確認しながらとことん話す

愛猫の死の原因が動物病院にあったと思われる人は一定数います。とても辛い状況です。連れていかなければよかったと自分を責めてしまう人もいます。

まずは身近な家族や友人に相談して、話を聞いてもらいましょう。

そのうえで、やはり病院に問題があり、担当の獣医師から説明を聞きたい場合は、電話で事前に連絡してください。どのような状況や経緯から、病院に問題があったと思っているのかを伝えて、再度説明の時間を作ってもらえないか伝えましょう。また、その際は1人ではなく家族や信頼できる友人と一緒に行くのがよいでしょう。

病院で直接話をしたほうがレントゲンや超音波検査などの画像なども再度見せてもらえ、疑問に感じていることはその場で伝えて答えてもらうことができます。

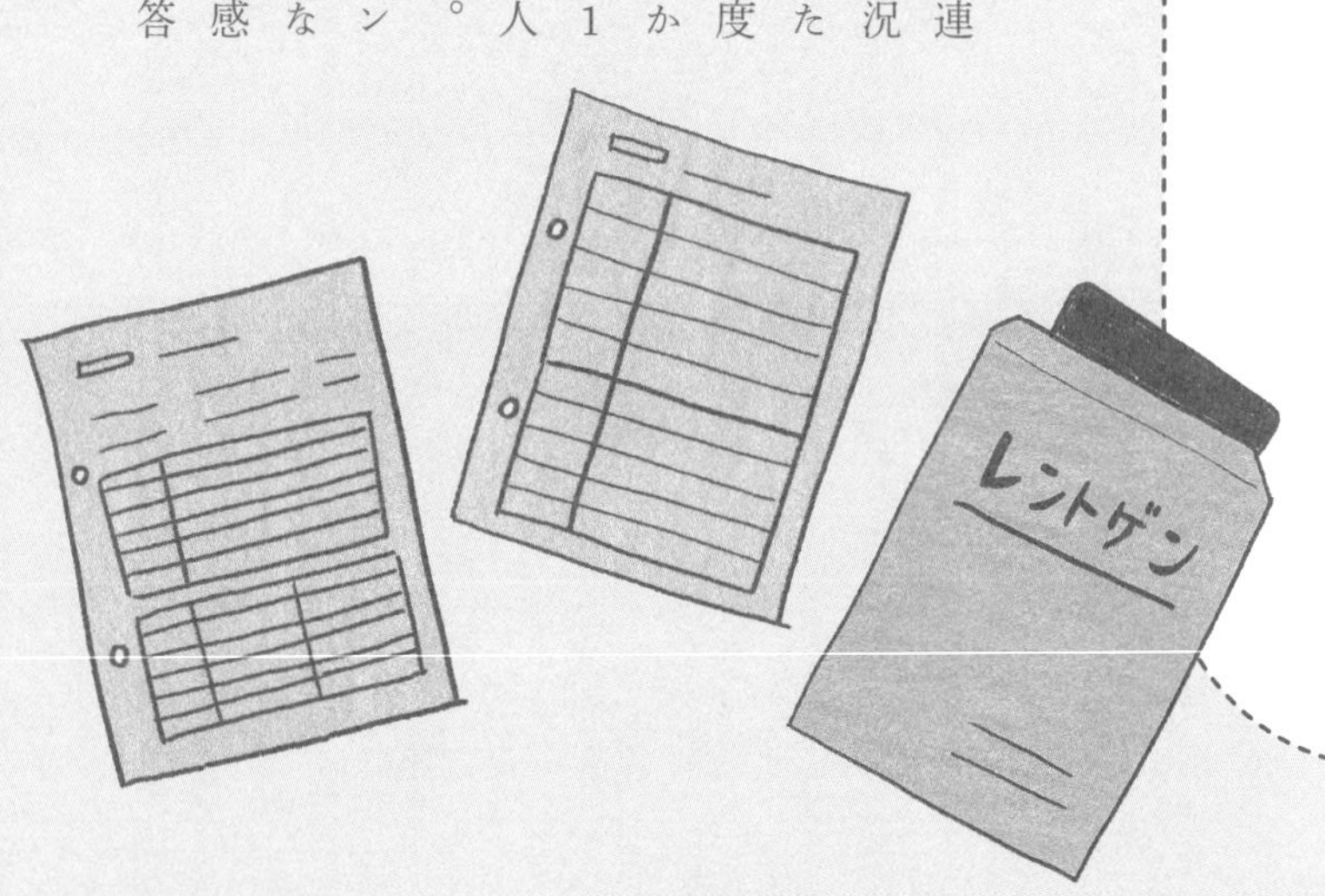

どうしても納得がいかないということであればカルテを開示してもらい、それを元に他院の動物病院の先生に意見を求めるという人もいます。しかし、動物が目の前にいない状況では正直わからないことが多いため、あくまでも一般論として話すことしかできない場合が多いでしょう。

なかには、病理解剖を依頼したという話も聞くことがありますが、個人的にはそれはとても動物がかわいそうに思えてしまいます。

訴訟という選択肢

納得できなければ訴訟という選択肢もあるが時間をおいて自分自身と対話をして決めてほしい

明らかに動物病院に過失があると思った場合、訴訟を考える飼い主さんもいるでしょう。訴訟をするとなると飼い主さん自身で証拠を集める必要もあり、労力がかかりますが、どうしても納得できないときは、ペット訴訟を専門にしている弁護士の先生に相談して、協力を仰ぐこともひとつの選択肢です。動物病院で適切な検査や治療を行わなかったことで亡くなったと思われる事例や、ペットホテルに預けたら骨折していたなど、動物病院の過失を飼い主さんが訴え、全面的に損害賠償が認められるようなケースもありました。

ただ、人間の場合も同じですが、医療ミスや医療過誤を立証するのは難しいもの。自身の気持ちを強くもたないとなりません。そして、訴訟を起こす前にもう一度、本当に病院に責任があったかどうかも冷静に考えなければなりません。

愛猫が亡くなるのはとても辛いことです。別れの悲しみが深くて受け入れきれないとき、どこかにその感情をぶつけたくて、病院のせいにしたくなるケースもあります。明らかな医療ミスというより、先生やスタッフの方の対応の仕方や言葉の選び方によって傷ついているのかもしれません。あるいは、致命的でない小さなミスがずっとひっかかっているのかもしれません。それらは医療ミスとは認められなくても、やはり病院側が改めていかなければならないことです。ですから、その思いを伝えることは大切でしょう。

悲しみによって生じた感情の存在に気づき、感じること。まずはそこから始めてください。

老猫の治療、怖い思いをさせたくありません 自然に任せようと思うのは飼い主失格？

どこまでが「自然」なのか考える必要がある

自然に任せたいというのは、さまざまな葛藤があるなかで悩んだ末に、最終的に愛猫に最善な策として出した結論なのでしょう。猫さんのことをいちばんわかっている飼い主さんが決めたことならその決断を支持したいと思っています。飼い主失格だなんて決して思わないでほしいです。

ただ、「自然に任せる」とはどういうことなのかをもう一度考えてみたいですね。

動物病院へ連れていく日は、前日から憂鬱になるといった話をよく聞きます。出かけようとキャリーバッグを出しただけで逃げ回り、家を出るまで悪戦苦闘。病院に来るだけで飼い主さんも猫も疲れてしまっていて、特に老猫であればそれだけで体力を消耗します。

あるいは、連れてくる途中で恐怖心から毎回おしっこを漏らしてしまってかわいそう……どうにかならないかといった相談もありました。待合室や診察室でいつもは出さないような不安そうな声でずっと鳴かれたりすると、こんな思いをさせてまで必要なことなのかと考えるのもわかります。

猫の治療にはさまざまな選択肢があります。例えば、腫瘍などが見つかったとき、若ければ麻酔下で切除することがいちばんでも、老齢で体力的にも精神的にも負担をかけるので体にメスを入れるのはかわいそうだからしない、とい

積極的な治療をしないことは見放すことではない それぞれの家庭の自然な方法を見つけて

う選択もあります。一方で、大きくなってしまった腫瘍を猫が舐めてしまい自壊しているようなときは、手術を選ぶ人もいます。舐めないように装着するエリザベスカラーを一日中つけているのはかわいそうだからというのがその飼い主さんの理由でした。

　食欲が低下して体重が減っているとき、高齢だから仕方がないと考えるか。病院で検査するとかわいそうだから何もしないのか。それとも一度は必要な検査をして、それに合った治療を状況を考えながら選ぶという選択をするのか。

　高齢猫に多い腎不全であれば、入院が必要な静脈点滴はしなくても、皮下点滴や食事療法、投薬などの治療の中で選ぶか。血液検査も治療内容が変わらないなら、検査の回数を減らすか。

　獣医師が提示する治療は病状や進行具合によって変わっていきます。まったくしないのか、一部分だけするのか、どこまで行うのかの線引きはしないといけません。

　口の中が痛くて食欲が落ちているのであれば、痛み止めなどを投与することで改善し、食べられるようになるかもしれません。通院や注射などが苦手でとても怖がるからといっても、症状がひどいときだけ注射することでQOL（生活の質）が維持できるかもしれません。

　飼い主さんによって「自然」の捉え方がちがうので、獣医師とじっくり話し、あらゆる選択肢の中からご自身と猫さんらしい「自然」を見つけられるとよいですね。

最期まで治療を続けたのはまちがい？ うちの子になってよかったと思ってる？

人間のものさしで考えないこと

回復の可能性の低い病気や高齢で治療効果が見込めない場合など、すべての選択は飼い主に委ねられます。治療や投薬を続けるかどうか。強制給餌をするかどうか。病院に連れていくかどうか。みなさんそれぞれ可能な条件の中で猫のために最善と思われる方法を選択します。それでも命はいつか終わりを迎えます。そんなとき、飼い主さんたちは自分の選択を後悔してしまうのですよね。

ターミナル期に入ると何も食べなくなることがあります。食べないということは、生きることをやめたがっているのかも……と捉える飼い主さんもいます。でもそう考えるのは人間だから。動物たちは、先のことを心配したり、生きる理由を考えたりはしません。人間と同じ思考回路で考え始めると、苦しくなるし、冷静な判断ができなくなります。動物の場合はもっとシンプルに考えてください。

体のどこかに不調があって、食べる体力が今はない状態であるということです。逆にいえば、体が受けつけられる状態にまで回復すれば食べることもできるのです。食べられないくらい体が大変なときは、人間がアシストしてあげられることを優先に考えましょう。

猫たちが決める飼い主との時間

どれだけ病院が嫌いな様子だっ

たとしても、どれだけ薬を嫌がっていたとしても、栄養がとれるようにごはんを食べ、薬を続けて飲んでいたおかげで、命が延びていたことはまちがいありません。

そして、その与えられた命の時間は、飼い主さんだけでなく、動物にとってもかけがえのないものだったはずです。思うように体が動かなくても、お別れまでの間、一生懸命に看護してくれる飼い主さんのことを、いつも心から求めていたはずです。

最期までそばにいてくれてありがとう、あきらめずにずっと世話をしてくれてありがとう、そう伝えたがっていると思います。

私は、猫との出会いは飼い主さんが決めたのではなく、猫たちが決めていたと思っています。私のことを猫が選んでくれたから出会えた、そう思えたら少し気持ちが変わりませんか？

あなたの家に来て幸せだったというメッセージをしっかり受け止めてあげてくださいね。

あなたの猫は幸せだった
なぜなら心から大切に思われていたから

獣医さんは見た！猫のほっこりエピソード

王子様になったごんた君

動物病院にいると、毎日のように可愛い猫たちがやってきます。大変なことがいっぱいある動物病院ですが、表情や性格がちがう猫たちを見ていると、それだけで心癒されほっこりします。

ある日、呼吸が苦しそうと連れてこられた外猫。検査をすると胸に膿が溜まっている病気で、肺が十分に膨らまず瀕死の状態でした。

猫同士で喧嘩したのではないかと思われるような傷があちこちにありました。

それから長期間の入院生活が始まりました。最初は高熱でごはんも食べられないくらい重症でしたが、みるみる回復し、退院後は保護してくれたご家族が「ごんた」と名づけて家にお迎えしました。

1か月ちかく入院していたこともあって、退院するときはとても寂しかったことを覚えています。

新しい家族には小学生の姉妹がいました。その後、ふたりがごんた君を病院へ連れてきてくれるのですが、赤いチェック柄（おそらく手作り）の洋服を着こなし、首輪にリードをつけて小さな子どもふたりが連れてくる姿に毎回ほっこりしました。すっかりよいおうちの王子様みたいになっているのです。待合室で順番を待つ姿は堂々としたもの。病院に来るたびに体重が増えていて、診察台ではいつもご機嫌だったごんた君の顔、今も忘れられません。

瀕死状態だった猫が、回復して幸せなご家族のもとで幸せそうにしている様子を見ると、心がとてもあたたかくなりました。

ほかにも、いろいろな猫さんが来ます。

●オス猫のごまちゃんは診察台の上でなぜかいつもゴロゴロが始まり、聴診器の音が聴こえなくなってしまうことも。「こんなにゴロゴロいう子は初めてだよ」と先生も楽しそうでした。

●老猫のトチちゃんはたまにおしりにかぴかぴになったウンコをつけて来ます。診察台で先生がペリッと取ると「フシャー！」と激怒。先生も「ウンコを取ってあげただけじゃーん！」と返すのが通例で、毎度のことながら面白く見ていました。

●犬猫さんだけでなく鳥さんも診ている病院。その日の待合室には猫さんとヨウム（賢い大型インコの一種）がいて、猫さんがニャーニャー鳴くと、ヨウムが「ニャー！」と鳴き声の真似を始めました。驚いたのかうれしかったのか、猫さんがニャー！　と応戦。待合室ではしばらく猫VS鳥のニャーニャー合戦が鳴り響いておりました。

●ある日の診察終わり、きたろうちゃんの飼い主さんから、病院が出したDMの宛名が「きんたろうちゃん」になっていたと報告が。謝りましたが、怒っていたわけではなく「ん」が入るだけで印象が変わるねと話しました。ちなみにきたろうちゃんはメス猫さんです。

愛猫のために獣医師と積極的なコミュニケーションを

小動物臨床の現場を離れてすでに20年。今はカウンセラーとして飼い主さんや動物病院スタッフさんとお話をすることがおもな仕事ですが、この本の中でいちばんお伝えしたかったことは、もっともっと動物病院に足を運び、愛猫さんと長く付き合える相性のよい獣医師を見つけてもらいたいということです。

カウンセリングを開始した2007年当初、血液検査結果を片手に詳しく説明をしてほしいという飼い主さんや、猫さんの歯の写真を持って、実際どのくらい悪いのかといった相談が続いたことがありました。診察室で獣医師に質問できる内容なのに、どうしてなのだろう？　と疑問に思ったことを思い出します。動物病院は、動物を囲んで飼い主さんと獣医師が対等に話し合う場であるはずなのに、疑問に感じても気軽に質問ができない状況では、安心して動物を任せられないのも当然です。私自身、獣医師として飼い主さんとコミュニケーションがうまくとれていたかというとそうではなく、今でもたくさん反省すべきことがあります。

本文の中でSDMについて触れましたが、一緒に暮らす猫さんのために、どんな小さなことでも動物病院スタッフに相談し、共に納得できる最善の治療を行っていただくことが私のいちばんの願いです。猫さんにとっては、飼い主さんの行動ひとつで未来が変わります。聞いておけばよかった、やってあげればよかったなど、後悔を少しでも減らしてほしい。言葉を話せない動物たちに代わって遠慮なく相談してください。

昨年ご縁があり、10年ぶりに保護猫を迎えました。人生で7頭めの猫さんです。

子猫時代は私がお世話をしている気分でしたが、1年経ってみるとすっかり私のほうが猫に支えられていることに気づきます。安心しきった猫の寝顔を見ていると、不思議と平和で優しい気持ちになります。日々忙しく暮らすなか、忘れがちになる優しさや愛情を、ふと思い出させてくれる動物たち。愛の伝道師である猫を心から大切にしている同志のみなさんの手元に、この本をようやくお届けできる喜びを、あとがきを書きながら感じています。

この本を手に取ってくださり、本当にありがとうございます。

今回、大学時代の同級生はじめ、お忙しいなかたくさんの獣医師の先生方にご協力いただきました。特にSDMについては、伊藤優真先生に資料も提供いただき、心から感謝申し上げます。また、今回このような機会をくださったライターの粟田佳織さん、編集部の宮田玲子さん、心がほっこりするイラストを描いてくださったたまゑさん、読みやすいやわらかなデザインに仕上げてくださったデザイナーの廣田萌さん、宮脇菜緒さん。不慣れな私を最後までサポートしてくださり、誠にありがとうございました。

人生を豊かにしてくれる猫さんとの時間。一日でも長く一緒にいられますように。

宮下ひろこ

主な参考文献
『これから始める! シェアード・ディシジョンメイキング
新しい医療のコミュニケーション』
(中山健夫・編、日本医事新報社・刊)
『動物看護の教科書 新訂版』(緑書房編集部・編、緑書房・刊)
『猫を極める本 猫の解剖から猫にやさしい病院づくりまで』
(服部幸・著、インターズー・刊)
『動物看護専門誌as』(EDUWARD Press・刊)
『猫の治療ガイド2020』
(辻本元 小山秀一 大草潔 中村篤史・編、EDUWARD Press・刊)
『CLINIC NOTE 198, 204, 208号』(EDUWARD Press・刊)
『獣医にゃんとすの 猫をもっと幸せにする「げぼく」の教科書』
(獣医にゃんとす・著、二見書房・刊)
『家ねこ大全285』(藤井康一・著、KADOKAWA・刊)
『まんがで読む 教えてドクター! 猫のどうする!? 解決BOOK』
(猫びより編集部・編、日東書院本社・刊)
『まんがで読む はじめての猫のターミナルケア・看取り』
(猫びより編集部・編、日東書院本社・刊)

いちばん役立つペットシリーズ
獣医さん、聞きづらい「猫」のこと ぜんぶ教えてください!

2023年2月20日　初版第1刷発行

編者　猫びより編集部
発行人　廣瀬和二
発行所　株式会社 日東書院本社
〒113-0033
東京都文京区本郷1-33-13
春日町ビル5F
TEL 03-5931-5930(代表)
FAX 03-6386-3087(販売部)
URL http://www.TG-NET.co.jp
印刷・製本所　図書印刷株式会社

ISBN978-4-528-02399-4 C2077

STAFF

著者
宮下ひろこ

イラスト
たまゑ

取材・構成
粟田佳織

取材協力
伊藤優真(獣医師 帝京大学大学院公衆衛生学研究科)
伊藤泰毅
(獣医師 動物検診センター キャミック 画像診断本部 本部長)
塗木貴臣(獣医師 TRVA動物医療センター 院長)
古山範子(獣医師)

校正
有限会社 大悠社

デザイン
廣田萌、宮脇菜緒(文京図案室)

企画・進行
宮田玲子(猫びより編集部)